量子は、不確定性原理のゆりかごで、宇宙の夢をみる

佐治晴夫
Haruo Saji

はじめに

かぜさんだって
おててがあるよ　ほんとだよ
おまどをとんとん　ほらね
たたいているよ

かぜさんだって
おくちがあるよ　ほんとだよ
くちぶえふきふき　ほらね
どこかへいくよ

かぜさんだって
おめめがあるよ　ほんとだよ
えほんをぱらぱら　ほらね
ながめているよ

（芝山かおる作詩、サトウハチロー補作「かぜさんだって」）

かわいらしい詩ですね。

私たちの目には、風そのものは見えません。

しかし、この詩が語りかけているように、窓をガタガタたたいたり、木の葉をゆらしたり、私たちの耳に聞こえたり、目に見える現象を通して、風は、その存在を示しています。

この世界は、原子・分子でできているといっても、私たちは、その一粒一粒を直接、見ることはできませんし、手でつかむこともできません。

でも、私たちは、この宇宙の中に存在するすべてのものたちは、原子・分子からできていることを知っています。

また、私たちの体の70%はH_2O、つまり、水素と酸素の化合物である水からできていて、それと同じ水素が、太陽の中にあってたがいに結合し、ヘリウムになることで（核融合反応）、太陽エネルギーが生まれていることも知っています。

太陽のところに直接、出かけて行って調べなくても、そのことを知っています。

なぜでしょうか。

それは、たとえ、相手が見えないものであっても、聞こえないものであっても、あるいは、とても遠いところにあって、直接、その場所まで行くことができなくても、見えるもの、聞こえるもの、ここにあるものをよく調べることによって、間接的に知ることができるからです。

これが、科学です。

そういった意味からすれば、冒頭に紹介した童謡の発想は科学的思考と近いところにあるといってもいいかもしれません。

さて、この本は、宇宙を理解するのに、避けては通れない物理学の二本の大きな柱の一つである量子論の基礎を、「不確定性原理」のわくの内におさめて、なるべく、感覚的に理解してもらうことを念頭に書いたものです。

量子論（量子力学）といえば、もう一本の大きな柱である相対性理論と並んで、数学の言葉をつかわないかぎり、なかなかすっきりとは理解しにくく、理工系の学生にとっても敬遠されがちな分野であることは、授業の経験からも明らかです。

だからといって、数学の計算がわかるからといって、量子論を理解しているかといえば、そうとは限りません。

そこで、それならば、いっそのことなるべく数式に頼らないで、量子論の心を理解することも、不可能ではないでしょう。

本書は、そんな想いから書かれたものです。

学問の面白さは、一つの分野を深く掘り下げていくことによって、いろいろな分野と関連していることがわかり、やがて、総合的な理解に到達するところにあります。物理学の本でありながら、文学や詩などもまじえながらお話ししようと思い立った理由です。

それでは、1時間目から6時間目まで、今日一日の授業が、みなさんのための〝知のゆりかご〟になることを祈りながら、講義を始めることにします。

目　次

2時間目の授業
「光の正体がわかる」ことの意味

3時間目の授業
素粒子から宇宙の誕生まで

4時間目の授業
「不確定性原理」で何が「変わる」のか

5時間目の授業
「あたりまえ」が「あたりまえでなくなる」とき

6時間目の授業
「量子論」が明らかにした宇宙のはじまり

量子は、不確定性原理のゆりかごで、宇宙の夢をみる

授業をきいてくださるみなさんへ

★ 永遠なる光を求めて

静かな夕ぐれですね。

みなさんにとって、今日という日はどんな一日でしたか？

明るい光に、少しだけ闇（やみ）がためらうかのようによりそって、不思議な雰囲気をかもしだしています。

ある意味では、トワイライトという「魔のひととき」かもしれません。

だからこそ、紀貫之（きのつらゆき）は、次のように詠（よ）んだのでしょう。

来（こ）し時と恋（こ）ひつつをれば夕暮（ゆうぐ）れの
面影（おもかげ）にのみ見えわたるかな

（『古今和歌集』／小学館『新編日本古典文学全集』より）

いま、来るよ、もう来るかも……と思っていると、恋しい人が、夕ぐれのなかに浮かんでくる、という情景をうたったものです。なにか、現実の姿を見るよりも、面影（おもかげ）として見たほうが、はっきり見えるといわんばかりの表現ですね。

光の演出が描き出す、なんともいえない心模様（もよう）です。
さて、このように、人の心に大きな影響をあたえる光って、いったい何なのでしょうか？
二つの懐中電灯を照らして、それぞれの光を交差させてみても、たがいに影響を及ぼしあっているようには見えません。そのまま相手にはおかまいなく、光はまっすぐ進んでいきます。

光同士は、ぶつからないのでしょうか？
光は、それほどに小さな粒々（つぶつぶ）からできているのでしょうか？

今度は、壁に向かって懐中電灯を照らしてみましょう。
丸い光の輪ができますね。懐中電灯と壁までの距離が２倍になれば、光の輪の直径もきっちり２倍になります。
つまり面積でいえば、ぴったり４倍に広がっています。
しかも、懐中電灯を壁からもっと離していっても、光の輪の中心線はまっすぐに伸びていて、ボールを投げたときのように地上に向かって落ちていく気配は見えません。光は、地球からの重力を感じていないかのようです。
ということは、光には、〝重さというもの〟がないのでしょうか？

まだまだあります。
光は、地球から光の速さで走ったとして、何百年、何千年もかかるような遠いところにある星からも、つかれることなく、きちんと旅してきます。すごいですね。
考えてみれば、光ってとても不思議な存在です。

私たちの世界は光でいっぱいです。
そのなかでもいちばん強烈な光は、昼間の太陽からの光です。夜になると、人工の光が世界を照らします。
人類が発見した火も、電灯が発明されるまでは、世界を照らすための光としてつかわれてきました。さらに、自然界の中には、夜光るキノコや海洋生物などもいますね。

世の中は光に満ちています。
さて、その光が光であることの背景にあるのは闇（やみ）、暗闇です。
暗闇は、私たちにとって、まったく見えない存在ですから、そのぶん想像をかきたてる世界です。
お化け屋敷が暗いのはそのためです。暗闇にいると、瞳孔（どうこう）が開いて、五感が敏感になり、想像力がゆたかになるといわれています。
だから、恋を語るには明るい場所よりも、薄暗いところでのほうが効果的なのかもしれませんね。

それはともかくとして、暗闇は、いまだ明るみに出てくることのない、たくさんのものたちがひしめきあっている、未知（みち）の奥深い世界のようです。
そういえば、和泉式部（いずみしきぶ）が詠（よ）んでいましたね。

もの思へば沢のほたるもわが身より
あくがれ出(い)づる魂(たま)かとぞ見る

（『後拾遺和歌集』／岩波書店『新日本古典文学大系』より）

美しい表現です。和泉式部が貴船(きふね)神社にお参りしたときに、沢のところで見たほたるを詠んだ歌です。
「暗闇の中で明滅(めいめつ)するほたるの明かりが、まるで、何かにあこがれて闇の中から抜け出てきた自分の魂のようだ」
といっているのですが、ここでも暗闇は、すべてを生み出す壮大な未知の世界として描かれています。

★「名づけること」がすべてのはじまり

ところで、人類の歴史はじまって以来、
「この世界はどのようにしてはじまったのか」
という問題は、人間にとっての最大の関心事でした。
それは、私たち人間には、誕生というはじまりがあり、そして、いずれは、誰もがこの世との決別という、避けることのできない運命を背負っているからです。
だからこそ、この世界のからくりを知ることが、はじめと終わりをもつ人生のはかなさを超えて、生きることの意味を見つけるための出発点になると考えたのでしょう。

このはじまりの物語は、まず、宗教の中に登場します。

神話といってもいいですね。現代のように、科学が発達していなかった時代に、宇宙のはじまりや人間の位置づけなどを説明する役割を担っていたのは、まず宗教だったのです。

『旧約聖書』のいちばんはじめの部分、「創世記」第1章は、つぎのような文章ではじまっています。

初めに、神は天と地とを創造された。地は形なく、むなしく、闇が淵のおもてにあり、神の霊が水のおもてをおおっていた。

神は「光あれ」と言われた。すると光があった。神はその光を見て、良しとされた。

神は、その光と闇とを分けられた。神は光を昼と名づけ、闇を夜と名づけられた。

夕べとなり、また朝となった。

これが最初の一日である……。

（『新共同訳聖書』をもとに意訳）

いかがでしょう。

ここから読み取れることは、宇宙のはじまりは、天と地との区別もない状態だったということです。

天もなければ地もないという場面を、想像することはできませんが、重要なことは、そこから、神のひとことによって、天と地という、目に見える区別がなされたという点です。

つまり、ものがある、とか、ない、とかいうことは、見方を変えれば、他との区別があるか、ないかということなのです。

区別がなければ、ある、とも、ない、ともいえませんよね。天と地をつくったあとに、光というものをつくり、光でないものと区別します。そこでこの区別された状況について、わかりやすく、光を昼だとして、光のない闇を夜と名づけた、というわけです。

この「名づける」ことが、すべての「はじまり」であるという考えは、古代中国思想の聖典ともいわれる老子の『道徳経』(『老子』)の第1章にも記されています。

名無し、天地のはじめには。
名有り、万物の母には。

(『老子』金谷治訳、講談社学術文庫版より意訳)

ここでは、天と地がはじまる前には、名がなかったといいきっています。

さきほどの旧約聖書でいえば、名をつけることで、他との区別が生まれ、はじめて天と地の区別ができたということでした。

それが、「名」というものが根源的にもっている深い意味です。そして、この区別、すなわち、名づけることが、目に見える万物を生み出す最初の一撃になったといっているのです。

このことから、さらに考えを進めてみると、〝名無きもの〟と〝名有るもの〟とは、あるかないかの議論をする以前に、区別できない一つのものの二つの側面ではないか、という気がしてきます。

事実、この文章が出てくるもう少し先、『老子』第42章まで読み進めてみると、次のような表現に出合います。

万物はその背中に陰を背負い、
その腕に陽を抱く。

たとえば、光と闇、あるいは、プラスとマイナスというような反対の性質が渾然一体(こんぜんいったい)となっている状態、それが、この宇宙の姿であり、それをどのように見るかによって、「名」がつけられていく、つまり、目に見える世界ができあがる、といってもよさそうです。

じつはこのことは、これから私が始めようとしている授業のテーマ、つまり、現代物理学を支える大きな柱である量子論(量子力学)と向き合う上で、非常に重要な視点になります。

★ さかのぼれば出発点はいつも「光」から

ここで、もう一度、光に話をもどしましょう。

再び『旧約聖書』です。今度は「エゼキエル書」第1章です。

古代バビロンに住んでいたとされる預言者（よげんしゃ）エゼキエルが見た風景として描かれています。とても信じられないようなドラマティックな光景です。

わたしがケバル川のほとりで、捕囚の人々のうちにいたとき、天が開けて、神の幻を見た……。

わたしが見ていると、見よ、激しい風と大いなる雲が北から来て、その周囲に輝きがあり、たえず火を吹き出していた。その火の中に青銅のように輝くものがあった。また、その中から四つの生きもののかたちが出てきた……。

生きもののかたわら、地の上に輪があった。もろもろの輪のかたちとつくりは、光る貴橄欖石（きかんらんせき）のようである……。

それが行くとき、わたしは大水（おおみず）の音、全能者の声のような翼の声を聞いた……。

（『新共同訳聖書』をもとに抜粋、意訳）

まるで、UFOに乗って地球に飛来した宇宙人、つまり、ひとことでいえば“E.T.”が、この地上に降り立ってきたかのような、すさまじい迫力にみちた光景ですね。

これは神の幻として描かれていますが、ここでも光るものが重要なキーワードになっています。闇をもたらす真っ黒な雲間から突然、火を噴きながら現われる光です。

今度は、視点を変えて日本の古代神話を、思い浮かべてみましょう。

たとえば、『古事記』の中でも、とくに有名な「天の岩戸」伝説。これは、みなさんもよくご存知ですね。

日本という国土ができてまもなく、女神であるアマテラスオオミカミが国土を治めていたころのことです。

弟のスサノオノミコトが乱暴なふるまいをするので、ご機嫌をそこねてしまった姉君のアマテラスは、日向国、今の宮崎県にある岩の洞窟に隠れてしまいます。そのとたん、世界はまっ暗になってしまいます。アマテラスこそ太陽だったのです。

闇の底に沈んでしまった地上は大混乱、困ったほかの神さまたちが、けんめいに外から重い岩のとびら（岩戸）を開けようとしますが、びくともしません。

そこで、一計を案じます。岩戸の前で、歌えや踊れの饗宴をくり広げます。

すると、岩戸の中に引きこもっていたアマテラスは、何事が起こったのかと気になり、少しだけ岩戸を開いて、外をのぞき見ようとした……その瞬間、力持ちのタジカラオノミコトという神さまが、一気に岩戸を押し開き、光がもどったというお話です。

おそらく、皆既日食から思いついた話だったのでしょう。

ここで、本題から少しはずれますが、一つ気づいてほしいことがあります。

つまり、人が心を閉ざしてしまったとき、いくら、外からこじ開けようとしても開けられないということです。

それには、周囲の環境を整えて（この場合は、歌や踊りでにぎやかな状況をつくったということです）、ひきこもった人が、自分の意志で心を開くまで、待つ姿勢が大切だということですね。

ある意味で、カウンセリングの基本です。

★ いまだ見えない未来を映し出す希望の明るさ

再び、話題を光にもどしましょう。

このように、私たち人類にとって、「世界とは何か」「人間とは何か」というような根源的な課題を考えるすべての出発点は、光にありました。

理由はなんであっても、暗闇は怖いものです。

暗闇でなくても、吹雪の雪原で、方向を見失ったときの恐怖はたいへんなものです。

そんなとき、遠くからかすかな光の気配が見えてくるだけで、少し恐怖がやわらぎます。光の力です。人は、光を求める生きものなのです。

いえ、人間だけではなく、ほとんどの植物も動物も光を求めます。

私たちが、お祭で、松明をたいたり、あるいは神社やお寺、あるいは教会などで、灯火をともすのも、人類にとって画期的な発見であった「熱い火」という意味のほかに、周囲を明るく照らし出す心の灯火という意味があるからでしょう。

それは、いまだ見えない未来を映し出す希望の明るさでもあったのです。燃えさかるもの、光り輝くものへの畏れとあこがれは、文学や詩などの芸術や宗教の主題としても登場します。

古今東西の童話や、音楽の世界にも登場する「火の鳥」、また、極楽浄土をイメージする平泉の金色堂をはじめとして、金箔でおおわれたツタンカーメンの像や仏像たち、それらは、現代の私たちが、金銀、ダイヤモンドなど、光り輝く宝飾品に抱くあこがれに通じるような感覚から、生まれてきたものなのでしょう。

そして、外に向かう輝かしい太陽光に対して、心の内に向かう静かな月光、これは、日光菩薩と月光菩薩※1のイメージとも重なります。それが、生と死の世界の象徴としての昼と夜でもあり、この世に光という存在があるからこそ芽生えることができたのが今日の文化であり、私たちの生活そのものだと考えてもいいでしょう。

その一方では、光というものがあったからこそ、光がない世界への想像力をふくらませることになり、そのことが、私たちの心の世界を広げてきたのも事実です。

まっ暗闇の中で、まっすぐに歩いてごらんといわれても、なかなか歩けません。とくに、耳栓（みみせん）をして、外部の音を遮断（しゃだん）すると、方向感覚をすぐに失ってしまい、歩けなくなります。

それは、私たちの生活が、ふだんは〝見えない音〟、すなわち意識しない音に、いかに支えられているかを痛感させられる瞬間です。

目の不自由な人が、通常の聴力（ちょうりょく）をもっている人たち以上に、外部の情報を克明（こくめい）にキャッチできるというのも、音の重要なはたらきを物語っているのでしょう。

〝見える景色〟が、〝見えない音〟に支えられているということですね。

★「すべての見えるものは、見えないものにさわっている」

18世紀ドイツの初期ロマン派詩人、ノヴァーリスの謎めいた声が聞こえてくるようです。

すべての見えるものは、見えないものにさわっている。
きこえるものは、きこえないものにさわっている。

感じられるものは、感じられないものにさわっている。
おそらく、考えられるものは、考えられないものにさわっているのだろう。

（「光に関する論考、断片集」[※2]）

これは、一般的に知られている訳です。

この中で「さわっている」という部分のもともとのドイツ語は、“haftet” となっていて、それは、「はりついている、ひっかかっている」というような意味です。

つまり、今、「見えているもの」は、「見えていないもの」としっかり結びついている、というニュアンスです。どこまでも広がっている見えない世界とも、自分は、はっきりとつながっている、といいたかったのでしょう。

それは、自然と、それを見ている自分という存在の境目（さかいめ）がぼやけてきて、自然の中に溶け込んでいく自分を意識することによって、究極的にあこがれている永遠に限りなく近づこうとしている、詩人独得の幻覚（げんかく）だったのかもしれません。

これは、古代インドの思想の中に出てくる「梵我一如（ぼんがいちにょ）」を思い起こさせますね。ここで「梵」とは「ブラフマン」、つまり宇宙のこと、「我」とは「アートマン」、つまり意識する実体としての自分、「一如」とは、自分と宇宙がとけあって、別のものではなくなってしまうことを意味しています。

考えてみれば、現実とは、信じることをやめても、なくなることのない世界です。
それに対して、夜見る夢は、目覚めればなくなる世界であり、目覚めているときに想像する夢想や幻想は、それを信じることをやめればなくなってしまい、信じているかぎり、存在し続ける世界です。
私たち人類は、明るいもの、光り輝くものに、あこがれを抱き続けてきました。光とは目に見える世界であり、その裏には、目に見えない闇を背負っています。

いいかえれば、見かけは相反(あいはん)しているようでも、その奥にある本質的な性質はまったく同じものであるという、統一的な世界観をつくり上げようとしてきたのが、「量子論」への旅立ちだったといえます。
たとえそれが、美しい論理によってふちどりされた〝幻想〟であったとしても……です。

ちょっと、哲学の授業みたいになってしまいましたが、気にしないでくださいね。
この宇宙とは、いったい何からできているのか、そのもともとの姿とは、どのようなものなのか、そこに宇宙の法則が存在するとすれば、それはどのようなものなのか……。
そういった疑問に答える入り口が、光の性質を調べることにあったのです。

私たちを取り囲んでいる空間の姿を瞬時に理解し判断できる感覚は、ものを見ることができるという能力、つまり視覚です。それは、光あっての視覚です。光がなければ、私たちは、そのものの姿を見ることはできません。

私たちの宇宙は、光の速さ、つまり1秒間に30万kmの速さで走っても、端（はし）から端まで行くには138億年ほどかかるくらいの大きさで、その誕生は138億年前だったといいます。

ハワイ島のマウナケア山頂、4200mのところにある、世界最大級の日本の「すばる望遠鏡」で見える限界は、120億光年くらい。ということは、そこで見えているのは、光が120億年かかって今、届いた景色なのですから、それは、今から120億年前の景色だということになります。

それを、今度は、宇宙の側から考えれば、その光景は、宇宙が生まれてから、ちょうど、138－120＝18億年たったころの景色だということになります。

そんなことがわかるのも、この世に存在するものの中で、光だけが、この広大無辺な宇宙空間を、自由に旅することができる唯一の存在だからです。

ですから、光のなかには、宇宙の歴史という情報そのものと、宇宙の根源的な「からくり」が深く刻み込まれているわけで、それを知ることが、宇宙全体のしくみを知るための出発点になるのです。

それでは、夜が明けたら、明日から1時間目の授業に入りますが、今お話ししたことをきちんとおぼえておく必要は、まったくありません。

ただ、
「なんか、光っていうのは、人間の思考と深く関わっていて、不思議なものだな」
という感じがつかめれば、それで十分です。

※1　日光菩薩、月光菩薩
薬師如来（やくしにょらい）（病いの苦しみから救い出してくれる仏）の両脇に立ち、薬師如来を助ける仏。日光菩薩は、この世の様々な闇を照らす仏として、また、月光菩薩は静かに慈愛にみちた仏として、篤く信仰された。このように「日光」「月光」の二つが、古来、一対のものとされてきたことに、人々が「太陽と月」に抱いていたイメージが想像される。仏像としては、奈良市の薬師寺の銅像（国宝）が有名。

※2　「光に関する論考、断片集」
ノヴァーリスの原詩は以下のとおり。
Alles Sichtbare haftet am Unsichtbare,
das Hoerbare am Unhoerbaren,
das Fuehlbare am Unfuehbaren,
Vielleicht das Denkbare am Undenkbaren.

1時間目の授業

夜空の星は、なぜ見えるのだろうか？

★ あなたは「直線」を書くことができますか

みなさん、おはようございます。
それでは、1時間目の授業です。

「はじめに」のところで、光の不思議についてお話ししましたが、いかがでしたか？
物理学の話なのに、そんな感じがしなかった、なんていう声が聞こえてきそうですが……。

でもね、ほんとうの物理学というのは、宇宙、自然のからくりを解き明かす学問なのですから、別の観点から自然の一部分としての人間を考えるという意味で、哲学や芸術、あるいは文学、宗教なども無関係ではありません。
それに、それらはすべて人間の脳がつくり上げた世界なのですから、たがいに関わり合っているのです。

今から2500年くらい前のギリシャに、プラトンという哲学者がいました。
プラトンは、霊魂（れいこん）の存在を信じていて、私たちが実在していると思っている個々のものは、ほんとうは実在しているのではなくて、霊魂の目でとらえられるものこそが実在である、と説きました。そのことを『国家』という著作のなかで、一つの例を挙げて述べています。

わかりやすくいえば、私たちが「真実」を求めようとして、「真実」へまっこうからつき進むと、真実の光で目が眩(くら)んでしまい、「真実」を見失ってしまいます。

それゆえに、「真実の光で照らし出されたものや自分の影」を見なさい、というのです。そして、その影を通して、「真実」に近づいていきなさい、というのです。

そこで、その「真実」の光に相当する絶対的なものを、「イデア」と名づけています。

考えてみれば、私たちはふだん気軽に「直線」といいますが、〝厳密(げんみつ)な意味での直線〟を、書くことなどできません。

なぜならば、「直線」とは、限りなく遠いはるか彼方(かなた)からやってきて、限りなく遠い無限の彼方まで続いているものだからです。

それは「長さだけをもっていて、幅はゼロである」という、えたいの知れない存在です。つまり、現実には存在しません。だって、幅のない直線など書けませんものね。しかし、〝直線の性質〟を頭に描くことによって、世界の構造を考えることはできます。これも「イデア」のようなものです。

とうとつなようですが、仏像もそうですね。

仏像はたとえば、木などでつくられた物体でしかありませんが、私たちは手を合わせます。その〝木で彫(ほ)られた物体のあちら側〟に、〝仏さま〟を感じるからでしょう。

そういえば、室町時代の能作者の世阿弥が、代表的な著作の『花伝書』(『風姿花伝』)の中で、こんなことをいっていましたね。「第七別紙口伝」の有名な部分です。

> 秘する花を知る事。秘すれば花なり、
> 秘せずば花なるべからず、となり。
> この分け目を知る事、肝要の花なり。
>
> (『風姿花伝』/小学館『新編日本古典文学全集』より)

ここで世阿弥がいっている「花」とは、芸の極致、つまり美しさの極まりのことです。

私たちが花を美しいと愛でるのは、その四季に合った折々の花が咲くからであって、一年中、造花のように咲いていたのでは、飽きてしまいますよね。花は時期が過ぎて散るからこそ、美しいのです。

それは、めずらしさということでもあり、いいかえれば、美は、つねに変動し、新たな驚きに結びついていなければならないということです。

人生も同じですね。

それぞれの年齢に応じた、いい生き方ができるということでしょう。

このことを世阿弥は「時分の花」といっています。

ところで、この美しい花が、かくれていなければいけない、というのはどういうことなのでしょうか。

ひとことでいってしまえば、美しさというのは、外から押し売りするものではなく、それを見た人が、心の中で感じるものだ、ということです。

★「部分」の中に「全体」がある

たとえば、舞踊でも音楽でも、これみよがしに演じても、人々の心を感動させることはできません。

それを見ている人が、演者の全人格からにじみでる霊気のようなものを感じたとき、感動が生まれるものだということでしょう。

つまり、演者からすれば、花はかくれていなければならないのです。

プラトンの「イデア」のようなものですね。

じつは、物理学で世の中のからくりを解明していくと、ちがった現象の中にも共通点が見えてきます。

極端ないい方をすれば、一つのものごとをじっくり眺めていくと、それは、宇宙のすべての存在につながっていることがわかります。

「部分」の中に、「全体」が反映されているということですね。

たとえば、台所のシンクに吸い込まれる小さな水の渦から、台風や銀河の渦巻き構造まで、つまり、ミクロからマクロまで、宇宙は同じかたちの重ね合わせでできている、といってもいいのです。

原子の構造にしても、古典的な表現をつかえば、原子のまん中に原子核があって、その周りを電子がぐるぐるまわっていると考えると、原子の性質を説明するのに、うまくつじつまがあうのです。

それはまるで、太陽の周りを地球や木星のような惑星がまわっている、太陽系の構造とそっくりです。

このように「ものの大きさには関係なく、すべての形や性質が相似形でできている」ということを、物理学の世界では「フラクタル」といっています。ですが、ここでは、とくに深く立ち入る必要はないので、これくらいにしておきましょう。

ついでにもう一つ。

「大きさには関係なく、すべての形や性質が相似形でできている」ことに関連して、これと似た世界の見方をしている詩人はたくさんいます。

その中のひとりで、たとえばイギリスの詩人、ウィリアム・ブレイク（1757-1827）の「無垢の予兆」という詩を挙げておきましょう。ブレイクは次のようにいっています。

一粒の砂の中に世界を、
一本の野の花の中に天を見るように、
君のてのひらの中に無限を、
一時間の中に永遠をつかみなさい

"To see a world in a grain of sand
And a heaven in a wild flower,
Hold infinity in the palm of your hand,
And eternity in an hour."

("Auguries of Innocence", William Blake)

面白いですね。科学者も詩人も、表現方法はちがっていても、自分の身近にある現象から宇宙に想いを馳(は)せている、という点においては同じなのです。

★ 距離が２倍になれば、明るさは４分の１になる

前置きはこのくらいにして、本題に入りましょう。

昨日、「授業をきいてくださるみなさんへ」のところで、懐中電灯で壁を照らしたときに、電灯と壁との距離が離れれば離れるほど、光の輪が広がるというお話をしました。

一つの光源から、ある角度の範囲に光が照射されると、距離が離れれば離れるほど、照らされる壁の範囲が広がって、暗くなっていきます。

これは、あらためて実験をするまでもなく、私たちの日常体験からも、疑いようのない事実です。
もう少し正確にいうと、距離が2倍になれば、光が広がる範囲は4倍になります。一方、明るさは、距離の2乗に反比例して暗くなります。

これを、もう少しきちんといいましょう。
「光の明るさは、距離の2乗に反比例する」つまり、距離が2倍になると、光が広がる範囲（面積）は「2×2＝4」で、4倍になります。
ですから、明るさはぴったり4分の1になるのであって、たとえば、4.1分の1とか、4.00007分の1とかではありません。

さて、もし、明るさが、光源からの距離の2乗に反比例し、その結果「空が暗くなる」としたら、「夜空の星は見えるだろうか？」
なんという飛躍!?……なんて思わないでください。

そのことについて考えてみましょう。
私たちは、夜空にたくさんの星を見ることができます。
星が「見える」ということは、その星からの「光が私たちの目に入ってくる」ということです。
少し、順序だてて考えてみると、星が見えるということは、次のようなプロセスをたどります。

1) 星から光という形のエネルギーが放出され、
2) その光が、私たちの目に到達し、
3)「水晶体」というレンズで目の網膜(もうまく)のところに集められて、
4) 網膜の中にある光を感じる物質と光が作用し合って、
5) 光を感じる物質のエネルギーを高めることによって化学変化を起こし、
6) その結果、そこで生み出される電気信号が脳に伝達され、脳を刺激する。

こうして初めて人は光を感じ、星を見ることができます。

そこで、標準的な星として、太陽を例にして考えてみます。
この太陽がどこまで遠ざかったら、私たちの視界から消えるか、つまり、目には見えなくなるか、について計算してみようということです。
計算が苦手だという人がいたら、最後の結論の前までは、とばしてもかまいません。
ただし、この本を閉じることだけはしないでくださいね。

★ まずは太陽のエネルギーを確認

ここでは、話をわかりやすくするために、エネルギー(熱量)をカロリー(cal)で表わすことにしましょう。

みなさんもよくご存知のように、1calというのは、おおざっぱにいえば、重さ1グラム、つまり容積1ccの水の温度を1℃だけ上げるのに必要なエネルギー量です。

たとえば、コーヒーカップに入った180ccの水を20℃から90℃まで上げるのに必要なエネルギーを考えましょう。

水が180グラムで、上げる温度が70（＝90－20）℃ですから、以下のような式で表せます。

$$1\mathrm{cal} \times 180 \times 70 = 12600\mathrm{cal}$$

ここまでは、よろしいですね。

そこで、現在、私たちの地球から1億5000万kmのところにある太陽から、地上にどれくらいのエネルギーが来ているのか、を考えてみましょう。

これは、たとえば太陽光をレンズで集めたところに、水の入った容器をおいて、その水の温度がどれくらい上がるかを調べればわかります。

結果だけを先にいえば、太陽光に垂直な面1cm^{2}当たりで考えると、毎分2cal（カロリー）で、これを「太陽定数」といっています。

しかし現実には、太陽光を受ける面が、太陽光に垂直であるとは限らないので、およその値（あたい）でいえば、毎分1cm^{2}当たり1calだと考えてさしつかえありません。

つまり、$1m^2$あたりで考えれば、

$$100\text{cm}\times 100\text{cm}=10000\text{cm}^2$$

ですから、毎分10000calのエネルギー（熱量）になります。

さきほどのコーヒーカップの例でいえば、20℃で180ccの水を90℃まで温めるのに必要なエネルギーが12600calだったのですから、$1m^2$に毎分落ちる太陽エネルギーを全部つかったとすれば、

$$180\text{cc}\times\frac{10000}{12600}\fallingdotseq 143\text{cc}$$

これだけのお湯を沸(わ)かすことができるくらいのエネルギーだということになります。すごいですね。太陽からのエネルギーって！

★ もし太陽が*d*光年遠ざかったとしたら

つぎに、この太陽が仮りにd光年の距離まで遠ざかったとしたら、地球上にやってくる光のエネルギーが、どれくらい弱くなるでしょうか。

これも、計算してみましょう。

まず、現在、地球から太陽までの距離は1億5000万kmだと、さきほどお話ししました。光は毎秒30万kmの速さで進みますから、1億5000万km ÷ 30万km／秒で、太陽から地球までは、500秒かかります。

これを、「500光秒の距離」といいます。光が500秒かかって到達する距離という意味ですね。

これに対して、光が1年かかって到達する距離のことを、1光年といっていることを思い出してください。

ここで、1光年を光秒になおしてみると、

$$
\begin{aligned}
1\text{年} &= 60\text{秒} \times 60 \times 24 \times 365 = \\
&\fallingdotseq 30000000\text{秒} \\
&= 3 \times 10^7\text{秒}
\end{aligned}
$$

ですから、「1光年＝3×10^7光秒」になります。

「≒」は、「ニアリーイコール」と読んで、だいたい等しいという意味です。そこで、d光年の距離とは、光秒でいえば、

$$d\text{光年} = 3 \times 10^7 \times d\text{光秒}$$

になります。

つぎに、現在の太陽までの距離500光秒が「$3 \times 10^7 \times d$光秒」まで遠ざかったとすれば、どうなるでしょう。

地球からの距離は、「$(3\times10^7\times d)\div500$」倍に伸びたわけですね。

すると、遠くなった太陽からやってくる光のエネルギーは、この値を２乗した値分の１に弱まります。

つまり、次のような式で表わせますね。

$$\frac{1}{\left(3\times10^7\times d\times\frac{1}{500}\right)^2}$$

距離が２倍になれば、明るさは４分の１になり、距離が３倍になれば、明るさは９分の１になる、というように、
「エネルギーは距離の２乗に反比例する」
ということを思い出してください。

つまり、現在の位置の太陽からは、毎分 $1\mathrm{cm}^2$ あたり、1cal のエネルギーがきていますが、もし、d 光年まで太陽が遠ざかったとすれば、$1\mathrm{cm}^2$ あたりの地上に届くエネルギーは、以下の式のように表すことができます。

$$1\mathrm{cal}\times\frac{1}{\left(3\times10^7\times d\times\frac{1}{500}\right)^2}$$
$$=\left(\frac{500}{3\times10^7\times d}\right)^2\mathrm{cal}\qquad【式1】$$

★ 光を感じとることができるぎりぎりのエネルギーは

さて、今度は、私たちの目が光を感じることができる、ぎりぎりのエネルギーについて考えてみます。

まず、私たちの瞳(ひとみ)の面積は、暗いところで見開いた状態で、およそ 0.25cm^2 です（瞳の直径はおよそ5mmです）。

そこで、さきほど「仮りに」と、お話しした「d 光年離れた太陽」からやってくる光のうち、瞳を通り、網膜(もうまく)のところに集められる光のエネルギーを考えます。

前ページの【式1】で示した、1cm^2 あたりにやってくる光のエネルギーのうち、瞳に入ってくるエネルギーは、

$$\left(\frac{500}{3\times10^7\times d}\right)^2\times0.25\text{cal} \qquad \text{【式2】}$$

になります。

一方、目の網膜のところには、1600万個もの光を感じる細胞のようなものがあります。数式にするために、1600万は、「1.6×10^7」と置き換えましょう。

そこで、先ほどの瞳に入ってくるエネルギー【式2】のうち、この「1600万個の光を感じる細胞のようなもの」1個あたりに毎分入ってくる光のエネルギーを考えると、どうなりますか。

はい、次のような式になります。

$$\left(\frac{500}{3\times10^{7}\times d}\right)^{2}\times0.25\div(1.6\times10^{7})\qquad【式3】$$

ここまでは、よろしいですね。もし、計算が面倒だったら、最後の結論のところまで読み飛ばしてもいいのですよ。

ここで、光を感じる細胞のような分子のことを、「レチナール」と呼んでいることを付け加えておきましょう。

さて、このレチナールですが、目が光を感じるのに、1分もかかっていては、私たちの生活は成り立ちません。すくなくとも、30分の1秒くらいで反応しなければなりません。

ですから、その時間内にレチナールに入ってくる太陽からのエネルギーは、瞳に入ってくる毎分あたりのエネルギーを表わす【式2】の値を60で割って、毎秒あたりにしたものを、さらに30分の1にした大きさでなくてはなりません。

つまり、上記の、

$$\left(\frac{500}{3\times10^{7}\times d}\right)^{2}\times0.25\div(1.6\times10^{7})\qquad【式3】$$

を、60で割り、次に30で割りましょう。

つまり、「60×30」で割ってみればよいのですね。

$$\frac{\left(\dfrac{500}{3\times10^7\times d}\right)^2\times0.25}{1.6\times10^7\times60\times30}$$

$$=\frac{25\times10^4\times25\times10^{-2}}{9\times10^{14}\times d^2\times1.6\times10^7\times18\times10^2}$$

$$=\frac{25\times25\times10^2}{9\times1.6\times18d^2\times10^{23}}$$

すると、以下の式になります。

$$=\frac{2.4\times10^{-21}}{d^2}\text{cal} \qquad 【式4】$$

この【式4】の中に出てくる「10^{-21}」というのは、「$\frac{1}{10^{21}}$」を表わしたものです。たとえば、「10^{-2}」とは、「$\frac{1}{10^2}$」すなわち、「$\frac{1}{100}$」のことです。

さて、こうして得られた【式4】が、レチナールすなわち「光を感じる細胞のような分子」に30分の1秒間に入ってくる光のエネルギー量です。

ところで、網膜の中にあるレチナール分子が光を感じる最低エネルギーは、実験から、次のような結果が得られます。

6×10^{-20}cal　　　　　　　　　　　　　　　　　　【式 5】

これが、人の網膜の中で感じる光の最低エネルギーです。

そこで、d 光年離れた太陽の光を目が感じることができるためには、その最低エネルギーの値よりも、大きくなければなりません。

すなわち、【式 4】と【式 5】から、次の不等式を得られます。

$$\frac{2.4 \times 10^{-21}}{d^2} > 6 \times 10^{-20}$$

これを解くと、なんと

$d < 0.2$（光年）

という結果になってしまいます。

つまり、もし、今の太陽が、0.2 光年以上、離れてしまったら、見えないという結論です。

これはおかしい！

そんなことはありえません。

そのわけについて、次に考えてみましょう。

★「見えない」はずがなぜ「見える」のか

じつは太陽は、宇宙の中でも標準的な星です。

銀河系の中には、太陽に似た星はたくさんあります。

たとえば、私たちにいちばん近い恒星(こうせい)の中の一つ、シリウスまでは8.6光年（1光年は、約9.5兆キロメートル）。

七夕の彦星(ひこぼし)、アルタイルまでは16光年。

織姫星(おりひめぼし)、ヴェガまでは、25光年。

おとめ座のスピカまでは350光年。

これらの星たちの実際の明るさは、太陽と同じではありませんが、かといって、太陽とは比較にならないほど明るく輝いているわけでもありません。

しかし現実には、はっきりと私たちの肉眼で見えています。

ということは、

「0.2光年よりも遠くにある星が見えない」

という計算結果は、おかしいですね。

さあ、困ってしまいました。

夜空にある星を恒星に限れば、どんなに近い星でも数光年以上、離れています。となると、ほとんどの星は見えないはずだという結論に達してしまいます。

でも、実際は見えています。

この問題をつきつめていくと、じつに奇妙な光の性質に出会うことになります。

一つの光源から放射される光の強さは、距離の２乗に反比例しない、というのでしょうか？

いいえ、そんなことはありえません。

光の強さが距離の２乗に反比例することは、実験的に確かめられています。それは、明らかに波としての性質で、光が波であることは実験的にも確かめられているのですから。

光が波であることの証拠は、日常生活の中のいろいろな場面で、私たちは体験しています。

たとえば、皆既月食（かいきげっしょく）です。皆既月食は、太陽を背にして、地球、月が一直線に並び、そのために、太陽からの光が、地球によってさえぎられた影の中に月が入ってしまうために、月の姿が見えなくなる現象です。しかし、現実には、月の表面は、ぼんやりと明るく見えています。

それは、地球の周りを通ってくる光の進路が曲げられて、地球の影になる部分にある月の表面を照らしているからで、「地球照（ちきゅうしょう）」と呼ばれている現象です。

光が影の中にまわりこむというこの性質は、あたかも、港の防波堤に向かって沖合いから走ってくる波が、防波堤の内側にまでまわりこむ現象に似ています。

「回折（かいせつ）」という現象で、波特有の性質です。

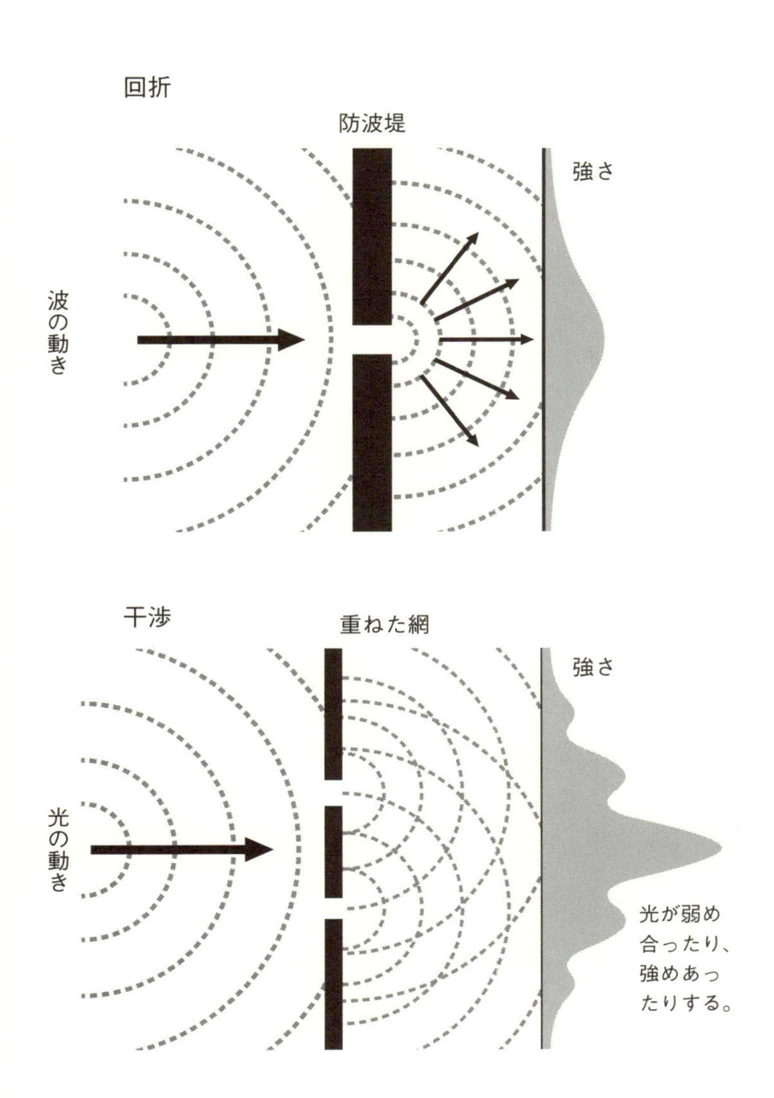
回折
防波堤
強さ
波の動き
干渉
重ねた網
強さ
光の動き
光が弱め
合ったり、
強めあっ
たりする。

もう一つ、小さなすきまがたくさんあいているストッキングのような網を２枚重ねてすかしてみると、その表面に縞模様が見られます。これを「モアレ」といっています。

これは、２枚のストッキングの小さなすきまを光が通るときに、光が曲げられて、たがいに強めあったり、弱めあったりすることによってつくられる模様です。これも、「干渉」と呼ばれる波特有の現象です。

また、浴室で湯ぶねのお湯の面を指でつつくと、そこを中心として周囲に波紋が広がります。２本の指で、違う場所から同時に二つの波紋をつくってみると、波紋がぶつかるところに、独得の模様ができます。これも、波の「干渉」です。

波の山から山までの距離を「波長」といいます。

光をこのような波に見立てて実験してみると、見える光、見えない光をふくめて、すべての色は波長の決まった波であることがわかっています。

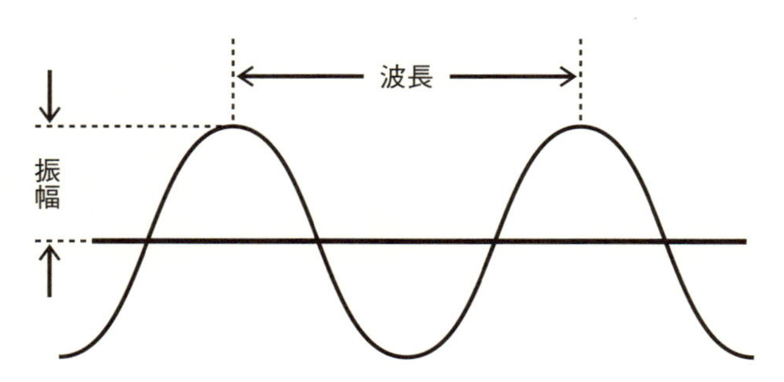

ところで、赤い光の波長は700ナノメートル前後、紫色の光の波長は400ナノメートル前後であることが、実験で確かめられています。ここで「ナノメートル」とは「10億分の1メートルのこと」で、記号では「nm」と書きます。

光はやはり、波なのでしょうか。

しかし、光が波であれば、明るさは、光源からの距離の2乗に反比例して弱くなるはずです。となると、さきほどの計算からは、地球から0.2光年以上離れた星は、見えないことになってしまいます。しかし、現実には、見えています。

さあ、困ってしまいましたね。

★ 光は「波」と「粒子」の性質をもっている

そこで、この困難を克服するために、光は、〝波のようにぼわーっと空間に広がっているもの〟ではなくて、〝粒のようなもの〟だと考えたらどうでしょうか。

たとえは、あまりよくありませんが、散弾銃（さんだんじゅう）の弾丸（だんがん）の広がりを想像してください。散弾銃には、一つの弾丸の中に数百個の小さな弾丸がつめこまれていて、発射されると、竹ぼうきのように、先のほうが広がって飛んでいきます。

一つ一つは、小さな弾丸ですが、全体としては、銃口からの距離が離れれば離れるほど、弾丸全体の範囲は広がります。

つまり、それだけ密度は小さくなります。

しかし、その散弾の中の１個の小さな弾丸は、それなりのエネルギーをもっていますから、獲物に当たれば、仕留めることができます。

光もまた、粒からできているとすれば、どんなに遠く離れた星から放たれた光であっても、それぞれの粒のエネルギーは変わらないので、網膜（もうまく）に入ればエネルギーを与えることができるでしょう。

ということは、とても考えにくいことですが、光は、波と粒子の性質を両方とももっている、ということのようです。

といわれても……。

私たちの感覚でいう波とは、海の波のようなものであり、粒子といえば、砂粒を思い起こしてしまいますね。

「海の波」と「砂の粒」が、同じ物質の二つの側面だとは考えにくいのですが、そう考えない限り、夜の星が見えることを説明できないのです……。

１時間目の授業は、ここまでです。

実は、光とはいったい何なのか、その謎に満ちた性質の探究が、現代物理学を生み出す第一歩になったのです。

それでは、計算で疲れた人もいるでしょうから、ここで、一息いれることにしましょう。

《ティーブレイク——休み時間のおしゃべりタイム》

有限の中に無限を閉じ込める

さきほど、ブレイクの〝一粒の砂の中に世界を見る〞という詩を紹介して、じつは宇宙の中にもそのような「フラクタル」と呼ばれる性質があることは、授業でもお話ししましたね（p.36）。

ラテン語の「フラクトゥス」（断片）からつくられた単語です。

たとえば、木の形を例にとれば、基本的にすべて枝の分岐(ぶんき)はＹ字型です。それが大きな枝から小さな枝まで、さらには葉の中の葉脈に至るまで、すべてＹ字形のくり返しでできている、というような性質のことです。大きなもののかたちが、それとよく似た小さな部分の重ね合わせで、入れ子構造のようになっているということです。

これは、健康な人の心拍(しんぱく)周期の変動の中にもあります。

たとえば、1時間の変動をグラフにしてみると、10分間、あるいは1分間の変動と、1時間の変動とのグラフの形が、とてもよく似ていることがわかります。

この10分間（1分間）の変動と全体の変動の性質を、数学的に解析(かいせき)してみると、半分は予測できて、半分は予測できない変動現象です。この性質は「ｆ分(エフぶん)の1ゆらぎ」などと呼ばれています。

この変動は、吹くかと思えば吹かず、吹かないと思えば吹いてくるような、自然風の風速の変動にも見られる現象です。

そこで、ここに「長さ1」の線分が1本あったとしましょう（a）。

次に、その線分を3等分して、まん中の部分を切りとり、そこに3等分した線分と同じ長さの2本の線分を加えて、正三角形の2つの斜面をつくります（b）。この作業をくり返します（c, d, e）。

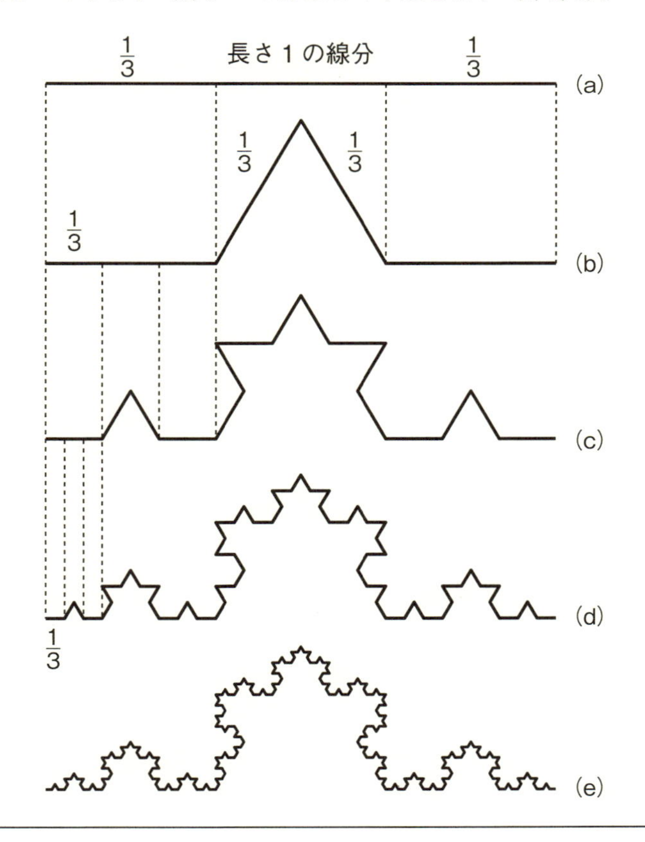

この図形は、どの部分を取り出してみても、同じようなかたちからできていることに注意しましょう。そこで、この図形全体の長さを考えてみると、

(a) の場合は、1。

(b) の場合は、長さ $\frac{1}{3}$ の線分4本からできています。したがって、$\frac{1}{3} \times 4 = \frac{4}{3} (= 1.333\cdots\cdots)$。つまり、(a) の $\frac{4}{3}$ 倍の長さです。

(c) の場合は、長さ $\frac{1}{9}$ の線分16本からできています。したがって、$\frac{1}{9} \times 16 = \frac{4}{3} \times \frac{4}{3} (= 1.777\cdots\cdots)$。

すなわち、(a) から (b) への作業で行なった「長さ1の線分を3等分して、まん中の部分を切りとり、そこに同じ長さの線分2本を加えて正三角形の2つの斜面をつくる」手続きを1回行なうたびに、全体の長さは $\frac{4}{3}$ 倍ずつ長くなっていきます。

これを (c) から (d)、(d) から (e) ……と、無限回くり返していくと、雪のかけらを思わせるようなギザギザの図形になりますが、その図形の長さは限りなく長くなり、無限大に近づいていきます。両端の長さが限られていて有限であるにもかかわらず、その長さが無限であるような不思議な図形ができあがります。

これは「コッホ曲線」と呼ばれています。

では、ここで「次元」のお話をしておきましょう。

1本の線は1次元です。原点からの距離だけを指定すれば、その位置がはっきりと一つだけ決まります。始発駅からの距離をいえば、その線路上の位置、たとえば、駅の位置がただ一つ決まるようなも

のです。これが１次元です。

つぎに、地図の上の位置を決めるには、たとえば、ある定点から東に1km、そこから北に2km、というように二つの数を決めれば、地図上の位置が決まります。これが平面、すなわち２次元の世界の特徴です。

同様に、立体の世界は、ある平面上の位置のほかに、高さを指定すれば、決まります。つまり三つの数を指定すれば、その位置が決まります。これが３次元です。

これだけの準備をしておいて……話を簡単にするために、長さ１のまっすぐな線分を考えましょう。

それを３等分すると、相似形の線分は何本できますか？

そうです。もとの長さの、$\frac{1}{3}$の長さの相似形の線分が、３本できます。

この３を３の１乗、つまり「$3=3\times1=3^1$」と書きましょう。

つぎに、一辺の長さが１であるような正方形を考えましょう。

これは平面図形ですね。そこで、今度は、この正方形を$\frac{1}{3}$の大きさに縮めてみましょう。つまり一辺の長さが$\frac{1}{3}$であるような相似形の正方形に分けるのです。すると、一辺の長さが$\frac{1}{3}$の相似形の正方形はいくつできますか？

そうです。９個ですね。これを「$9=3\times3=3^2$」と書きましょう。

それでは、もう一つ、一辺の長さが１であるような立方体を考えましょう。この立方体の一辺の長さを$\frac{1}{3}$にすると、相似形の立方体はいくつできますか？

そうです。27個です。これを「$27=3\times3\times3=3^3$」と書き直してみましょう。

ここで、面白いことに気がついたでしょう。

1次元の世界では、もとの図形を3等分すると、相似形が3^1個、2次元の世界では3^2個、3次元の世界では3^3個できるということです。つまり、等分割した数「3」の右肩にある指数の数字が次元を表わしていますね。

そこで、さきほどの山型の図形、「コッホ曲線」の場合はどうなるでしょうか？

もとの大きさを3等分したら、4個の相似形ができたというのですから、次元数をxとすれば、「$3^x=4$」になります。

もし$x=1$、すなわち1次元ならば、「$3^1=3$」になり、$x=2$、すなわち2次元ならば、「$3^2=9$」になります。

しかし、コッホ曲線の場合は「$3^x=4$」ですから、このx、つまり次元数は、1次元と2次元の間、ということになります。対数をつかって計算すると、なんとそれは、$x=\log4/\log3=1.2618\cdots\cdots$となり、どこまでいっても終わりのない無理数になってしまいます。無理数の次元をもつふしぎな曲線が「コッホ曲線」なのです。

2時間目の授業

「光の正体がわかる」ことの意味

★ 観察する私たちの問題

それでは、2時間目です。

1時間目は、少し計算をしたので、疲れましたか？

でも、だいじょうぶです。計算は、誰にでも、言葉の壁を越えて、内容がわかるようにするための方法ですから、ここでは、計算の結果がどうであったのかを理解しておけば、それで十分です。

そこでまず、1時間目のおさらいから始めましょう。

夜空の星が見えるためには、光は粒子の性質をもっているとつごうがいい、ということがわかりました。でも、そういいながらも、一方では、木の葉からもれてくる光を、目をほそめてみると、光がまわりにいっぱいに広がって見えたりします。

まるで海の波が、防波堤の間のせまいすきまを通り抜けると周囲に放射状に広がっていくように、光が、葉と葉の間のせまいすきまを通り抜けるときに放射状に広がっていくことから、波の性質をもっている証拠であるようにも思えてきます。

しかも太陽光を、ガラスでつくられた三角柱のプリズムを通してみると、赤から紫までの光に分けられて、その波長の長さまで測定することができるというのですから、光が波の性質をもつことは、実験で確かめられる疑いようもない事実です。

となると、光の正体とはいったい、何なのか。
粒子なのか、波なのか。
それとも、粒子であって波だというのか。
想像ばかりがふくらんで、ほんとうの光の姿は再び、闇(やみ)の中にかくれてしまいました。
そんなところまでが、1時間目の授業でした。

それでは、2時間目の話題に入りましょう。
まず、私たちが、粒子だとか波だとかいっている背景には、粒子といえば、たとえば、砂粒とかコンペイトウのように、そのものが限られた空間を占有していて、物体とその外側がはっきりと分けられているものだ、という認識があります。

一方、波といえば、海の波のように、山と谷の部分が交互にゆれながら、周囲にその動きが広がっていき、全体にその影響が伝わっていくものだと理解しています。
すると、〝光〟という実体は、波とか粒子という言葉ではくくれない、〝光そのもの〟としかいいようのないものなのかもしれません。
光が「粒子のように」、あるいは「波のように」観察されるのは、私たちが日常つかっている言葉で、無理やり表現しているところに問題があって、観察する私たちの側に原因があるのかもしれない、ということです。

たまたま、光が小さなすきまを通ってくる場面を観察すれば、光は「波に見える」のかもしれません。

また、空間のせまい領域にエネルギーがつまっていて、あたかも「粒子であるかのよう」なものが光でなければ、遠くの星が見えるはずがない、と計算が物語っているだけなのかもしれません。

じつは、この光の本性については、古くはアイザック・ニュートン（1642-1727）の時代から、科学者たちの間で大きな関心を集めていました。そして結論としては、それまでの実験から、波であることはまちがいないと信じられていました。

ところが、19世紀から20世紀初頭にかけて、光は粒子の性質をもっていると考えなければ、どうしても説明のつかない、新しい実験事実が見つかったのです。

その中の一つが、1887年、ドイツのハインリッヒ・ヘルツ（1857-1894）という物理学者が行なった実験です。

それは金属に光を当てると、電流のもとになる電子が放出されるという発見で、「光電効果」と呼ばれる現象です。この実験結果をまとめると、つぎのようになります。

1）金属に当てる光の色が赤くなると、電子が出てこない。※1

2）金属に当てる光の強さを強めていく（明るくする）と、飛び出す電子数がふえる。

3）金属に当てる光の強さを強めていっても、飛び出す電子のエネルギーは変わらない。

4）金属に当てる光の色を青くしていくと、飛び出す電子のエネルギーが大きくなる。※2

★ こうして「量子」は誕生した

ここで、波についての大事な性質について、少しお話ししておきましょう。

波は、みなさんもご承知のように、山と谷が交互につながって周囲に伝わっていく現象です。

縄跳（なわと）びの縄の両端を二人でもって、どちらかの人が上下に強く振ってみると、山型の波が伝わっていく様子がわかります。

この場合、山と山との間の距離を「波長」といって、「λ（ラムダと読みます）」と書くことにします。

一方、その振動が１秒間に何回起こるかを「振動数」といって、「ν（ニューと読みます）」と書くことにします。

波が１回、振動すると、その１波長分、λだけ波は進みます。

ここで、１秒間に進む距離、すなわち速さをcとすれば、λに、波が１秒間に振動する回数、すなわち振動数νをかければcになりますね。

ですから、つぎのような関係が得られます。

$$c\,（速さ）= \lambda\,（波長）\times \nu\,（振動数）$$

それを ν について解けば、「$\nu = \frac{c}{\lambda}$」になりますから、振動数 ν は波長 λ に反比例するということになります。

ここで、目に見える光で赤っぽい光ほど波長が長く（振動数が小さく）、青っぽい光ほど波長が短い（振動数は大きい）ことを、おぼえておきましょう。

1時間目の授業でお話ししたことのくり返しになりますが（p. 53）、目に見える赤い光の波長は、およそ10000分の7mm（700ナノメートル）、紫色はおよそ10000分の4mm（400ナノメートル）です。

もう一つ、波の強さ、光でいえば明るさは、波の山の高さ（振幅（しんぷく）といいます）の2乗に比例することもおぼえておきましょう。

怖い話ですが、津波の高さが2倍になれば、その力は4倍、津波の高さが5倍の高さになれば、その力は25倍になります。

そこで、さきほどのヘルツの実験に話をもどしましょう。

まず、金属から電子が飛び出すということは、外から照射される光のエネルギーによって、金属の中に閉じ込められている電子が、たたき出されるということです。

となると、64、65ページに挙げたことがらをいいかえると、次のようになります。

1）は、赤い光のエネルギーは小さくて電子をたたき出すことができない。
2）と3）は、明るくすれば、たくさんの電子が出るけれども、どんなに明るくしても飛び出す電子のエネルギーは変わらない。つまり、光のエネルギーと明るさ（強さ）は関係ない。
4）は、青い光ほど、光そのものがもつエネルギーが大きい。

この実験から見えてくる結論は、
「光のエネルギーは、光の振幅、いいかえれば明るさ（強さ）には関係なく、振動数（波長）だけに関係している」
ということです。

光を波として考えた場合、エネルギーは振幅に関係しています。しかしこの結論は、エネルギーが振幅に関係ないというものですから、光は波であるとは考えにくいということを意味しています。

もう一つ、物理学者たちを悩ませていたことがありました。
それは、高温に熱せられた物質から放射される光の色と強さの分布が、光を波だと考えると、どうしても説明できないという問題でした。

ここに登場したのが、ドイツの理論物理学者、マックス・プランク（1858-1947）でした。

1900年のことです。プランクは、高温に熱せられた物質が放つ光の色と強さの分布を説明するために、
「光はとびとびのエネルギーをもつ粒子である」
という画期的な理論をうち出しました。

そこでプランクは、光は、
「その振動数νに、ある定数hをかけた大きさのエネルギーをもつ粒子である」
と提案します。つまり、「$E=h\nu$」ですね。

プランクは、それを「量子（クァンタム）」と名づけました。

★ プランクからアインシュタイン、ミリカンへ

のちに、この「$E=h\nu$」は「光量子」、簡単に「光子（フォトン）」と呼ばれるようになりました。

つまり振動数νの光は、$h\nu$というエネルギーをもつ粒子だと考えるのです。具体的なhの大きさは、いろいろな実験から求められていて、

$$h=6.62607\times10^{-34}\text{ ジュール・秒}$$

であることが、明らかにされました。

ジュールは、「仕事」の単位ですね。

1ジュール（J）は、1ニュートン（N）の力（およそ100g の物体を支える力）で、決まった方向に何かを1m 動かすのに必要なエネルギーのことをいいます。

「J＝N×m」ですね。でも、ここではくわしいことをおぼえる必要はありません。

左のページの「h」は、プランクの名をとって、「プランク定数」と呼ばれています。

この「プランク定数」は、原子・分子のようなミクロの世界から、宇宙創生の理論や物理学のあらゆる分野で、重要な役割を演じる定数になっています。

これらの業績によって、プランクは、1918年にノーベル物理学賞を受賞しました。

そして、プランクの実験結果をまとめて、決着をつけたのがアルベルト・アインシュタイン（1879-1955）でした。

アインシュタインは、これらの一連の光電効果の実験結果や、プランクの理論などをきれいにまとめあげる理論を、つくりました。

そして1905年、26歳のときに、光は粒子であるという「光量子説」を発表し、この業績によって、1921年にノーベル物理学賞を受賞しました。

あらためて書けば、振動数νをもつ光は、

$$E=h\nu$$

というエネルギーをもつ粒子（エネルギー量子といいます）のようにふるまうのですね。

その一方では、光が粒子であるという考え方に疑問を感じていたアメリカの物理学者、ロバート・ミリカン（1868-1953）がいました。そして、粒子説がまちがいであることを示すために、光電効果のより詳細な実験を行ないました。

しかし逆に、それは光が粒子の性質をもつことの再確認になり、光のエネルギーの最小単位に出てくる定数hも、プランクとは別の立場から同じ値であることがわかり、光の粒子説は完全なものになりました。

ついでにいっておきますと、ミリカンは、電子がもっている電気の量が、この宇宙の中での最小の大きさ（電気素量（そりょう）といいます）であることも、発見しています。この業績によって、1923年にノーベル物理学賞を受賞しています。

さらに、参考までにつけくわえれば、アメリカの物理学者、アーサー・ホーリー・コンプトン（1892-1962）が、1923年に行なった実験があります。

それは、こういうものでした。

X線も波長の短い光の一種です。それを、小さなエネルギーのかたまり、すなわち粒子だと考えると、X線をある結晶に照射した場合、その結晶をつくっている原子と、ちょうどピンポン玉同士が衝突するかのようにふるまうことが発見されたのです。これを「コンプトン散乱」の実験といいます。

このようにして、20世紀前半には、
「光が粒子であること」
は疑いようもない実験事実だということになりました。
しかしそうなると、今度は、粒子である光が、どうして波のようにふるまうのか、という疑問が生まれてきます。

★ つきとめられた「原子モデル」

ここで、少し話題を変えましょう。
20世紀前半まで、物理学者たちの間では、
「原子はどのような構造をしているのか？」
という議論がさかんになされていました。

それまでの考えでは、プラスに帯電(たいでん)した雲のようなかたまりの中に、ちょうどプラム・プディングのように、電子がぽつぽつと入っているというモデルが主流でした。
これは、1903年にイギリスの物理学者、ジョセフ・ジョン・トムソン（1856-1940）が提唱したものです。

これに対して、同じ年に、日本の物理学者、長岡半太郎博士（1865-1950）が、土星モデルを提唱していることも忘れてはなりません。

プラスに帯電したかたまりを中心として、電子が土星の輪のように、そのかたまりの周りをまわっているという原子モデルです。

さて、次から次へと聞きなれない研究者の名前が出てきたので、疲れてしまいましたか。

もし疲れたら、聞き流してください。

話の本筋だけを追っていければ、それで十分です。

あともう少し、続きをお話ししましょう。

じつは、この原子の構造に、決定的な結論を与えたのが、1909年、イギリスのマンチェスター大学での実験でした。

当時、アーネスト・ラザフォード（1871-1937）のもとで研究にいそしんでいたドイツの物理学者ハンス・ガイガー（1882-1945）と、学生だったイギリス人のアーネスト・マースデン（1889-1970）の業績です。

彼らは、金の原子がいっぱいつまっている薄い金箔に、放射線を当てる実験をしたのです。この放射線は、当時、プラス電気を帯びた粒子であることがわかっていた「アルファ粒子」と呼ばれるものでした。

その実験の結果は、ほとんどのアルファ粒子は、そのままつき抜けましたが、時おり激しく曲げられたり、跳ね返されたりするアルファ粒子もあることを示すものでした。

プラス電気を帯びたアルファ粒子が、激しく跳ね返されるのは、ぶつかる相手が同じプラス電気をもっていて、たがいに反発するからです。

こうして原子の中心には、プラス電気をもった重い小さいかたまりがあることがわかり、それは「原子核」と名づけられました。

そして、そのプラス電気を帯びた重い原子核の周りを、あたかも太陽の周りを惑星が公転しているかのように、電子がまわっているとする原子モデルができ上がりました。

1913年、デンマークの物理学者ニールス・ボーア（1885-1962）によって提唱された、新しい原子モデルです。

このモデルでは、原子核の周りを、いろいろな大きさの円軌道を描いて電子がまわっています。そこで、その円軌道をまわっている電子のエネルギーが決まっていると考えれば、原子から出てくる光の性質などを実によく説明できる、すばらしい理論でした。

二つの実験結果でも、出てくる光のエネルギーEは、その光の振動数ν（色ですね）に、プランク定数hをかけたもの、つまり「$E=h\nu$」として登場しています。

★「ド・ブロイ波」の衝撃

そんな時代に現われたのが、フランスのまだ若い大学院生だったルイ・ド・ブロイ（1892-1987）です。

ド・ブロイは、ボーアの原子モデルについて、ある衝撃的な提案をします。ド・ブロイは、
「電子が原子核の周りで円を描いてまわっているとき、もし、電子が波の性質をもっていると仮定するのならば、電子がひとまわりしたときに、出発したときと同じ波のかたちになって、重なるような波長をもっていなければならない」
　と提案したのです。
　なぜなら、もしそうでないと、波はひとまわりしたときにつながらなくなって、「波」として存在できなくなります。

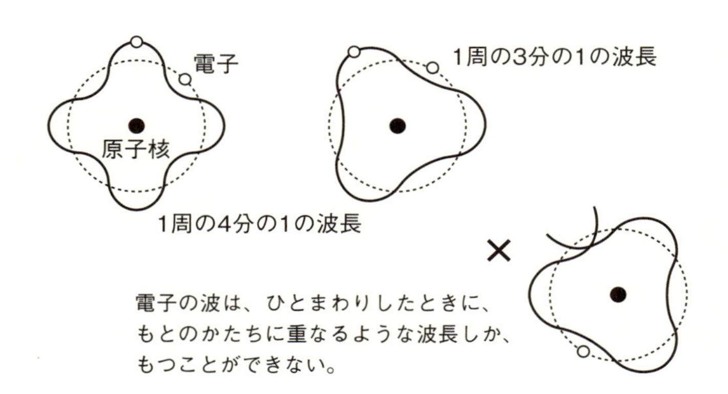

左のページの図を見てください。

つまり、原子の中で電子は、ある限られたとびとびの波長、すなわちとびとびのエネルギーをもつことになり、原子から出てくる光が、とびとびのエネルギーをもつものである、という実験結果が、きれいに説明できるのです。

この考えの背景には、
「波だと思われていた光が粒子ならば、逆に、粒子だと思われている電子だって波の性質をもつかもしれない」
という直観があったのでしょう。
粒子にはいつも波の性質がつきまとっている、という考えです。それを「ド・ブロイ波」といいます。1924年のことです。

そこで、電子が波であるかどうかの実験がはじまりました。
まず、防波堤のせまいすきまに見立てたスリットから電子を打ち出し、そのさきにフィルムでつくられたスクリーンをおいてスクリーンのどの場所に、電子が到達したかを調べたのです。
電子がフィルムに衝突すると、電子のエネルギーでフィルムが感光して黒い点として写る性質を利用したのです。

その結果は、これまでの常識を大きくくつがえす、驚くべきものでした。電子は粒子ですから、衝突したフィルムのスクリーンには黒い点として写ります。

つまり、電子は明らかに粒子としてふるまっています。ところが、その黒い点の分布を見ると、まるで、波の性質をもつ電子が細いすきまを通過したことを思わせるような広がりが、観察されました。下の図のとおりです。

波がせまいすきまを通過すると、「回折（かいせつ）」によって広がったり、「干渉（かんしょう）」を起こして強め合う部分と弱め合う部分ができたりします（「回折」と「干渉」についてはp. 50 ～ 52を参照）。

その性質を受けて、この実験では、電子がたくさん到達する部分と、少ししか到達しない部分が、あたかも電子が波であるかのような情景として描き出されたのです。

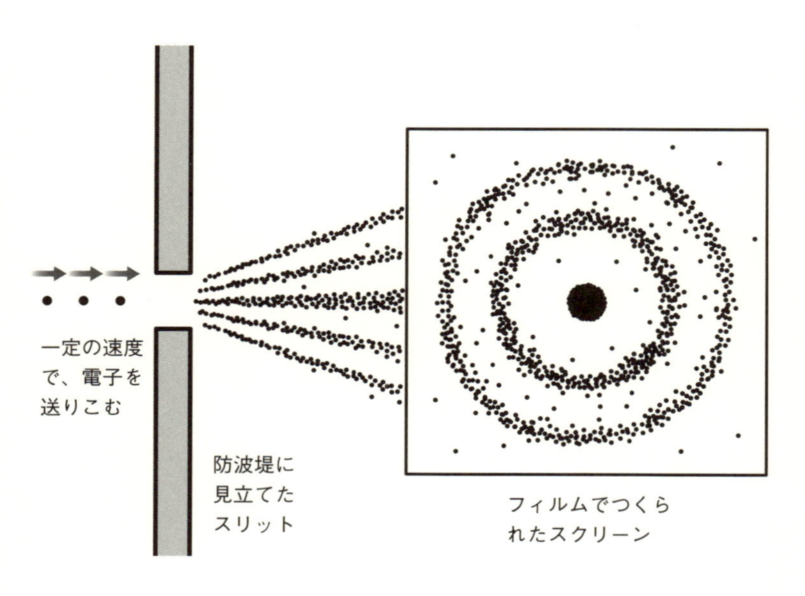

これこそ、「電子が粒子である性質と、波である性質の両方を兼ね備えている」ことを示す実験でした。

そして、打ち出す電子を波であると考えた場合の波長と、電子のエネルギーとの間に、簡単な関係があることを見つけたのでした。

つまり、mを電子の質量（重さですね）、vを電子の速度、そしてhをプランク定数とすれば、波としての電子の波長Λ（λの大文字で、こちらも「ラムダ」と読みます）は、次の式で表される、というものです。

$$\Lambda（波長）=\frac{h}{mv}$$

これは、質量mが大きく、あるいは、速度vが大きい粒子ほど、短い波長をもっていることを意味します。

つまり、光でいえば、短い波長をもっているほどエネルギーが大きいことに対応して、エネルギーの大きい波であることを示しています。

この式は、電子だけではなく、速度vで運動している質量mのすべての粒子にあてはまることが、後の実験で確かめられたのです。これを「物質波」といいます。

これがさきほどお話しした「ド・ブロイ波」で、ド・ブロイはこの功績で、1929年にノーベル物理学賞を受賞しました。

「ド・ブロイ波」の考え方を、私たちの日常生活で目にしているものに当てはめてみましょう。

たとえば、体重66kgのオリンピック選手が、100m競走で、10秒で疾走している（秒速10m/秒ですね）ときの波長は、どうなるでしょう。

前ページの式で計算してみると、以下のようになります。

波長は、1mの1千兆分の1のそのまた1千兆分の1の100万分の1の大きさになり、それはほとんどゼロに近いので、波の姿には見えません。

$$\Lambda = \frac{h}{mv}$$

$$= \frac{6.62607 \times 10^{-34}}{66 \times 10}$$

$$\fallingdotseq 10^{-36}(\mathrm{m})$$

しかし、高速で走る電子の場合は、質量mは小さいのですが、速度vが非常に大きいので、通常の可視光（目に見える光）よりやや短い程度の波長をもつことになります。

そこで、高速で走る電子をつくり、それをちょうど光のかわりに使うことによって、可視光を使う通常の顕微鏡よりも、さらに小さいものを見分けることのできる電子顕微鏡が発明されたのでした。

★ 粒子の顔、確率の波

さて、本題にもどりましょう。

これまでのお話は、波だと思っていた光は粒子の性質をもっており、粒子だと思っていた電子は、波の性質をもっているという、私たちの日常生活では考えられないような世界のお話でした。

いよいよ、この時間のクライマックスの話題です。

粒子と波の性質をもっているという、物質の二重性をどう考えたらいいのでしょうか。

一つ、二つ、と数えることができる電子は、明らかに粒子の性質を見せています。だからこそ、せまいすきまであるスリットを通った後に、スクリーンに衝突すると、その跡は黒い点として残ります。

これは、明らかに「粒子」の顔です。

しかし、そのたくさんの点の集合が描く濃淡の縞模様(しまもよう)は、いかにもスリットをくぐり抜けた「波」がつくりだす模様そのものだ、ということが実験でわかってきたのです。

そこで、結論です。

電子は、衝突などによって、その位置を確かめようとすれば、あくまでも、粒子の顔をしています。

しかし、全体としてのふるまいは、
「電子の行先が、波のかたちで表わされるような確率に支配されている！」
と考えると、つごうがいいということです。
電子そのものが、「波」なのではなくて、電子の動きを「確率という数学の波」が決めているということなのですが、これだけではなんのことかわかりませんね。

さきほどの、せまいスリットをくぐり抜ける例で考えてみましょう。
スリットをくぐり抜けた先の真正面には到達する確率が大きく、そこから左右に離れるにしたがって到達する確率が小さくなります。
結果として、スリットを〝ほんとうの波が通り抜けたときのような風景〟になる、ということなのです。

★ シュレーディンガーは何を提案したか

このような目には見えない確率を支配する不思議な波のことを、「波動関数」といって、ギリシャ文字の「ψ（プサイ）」などで表わします。
電子がたくさん到達する場所では、目には見えないけれども、ψという波の高さが高く、電子があまり到達しない場所では、ψの波の高さが低くなるような波が、波動関数なのです。

重ねていえば、ψ は、実際に私たちが見ている海の波のように、目に見える具体的な波ではなく、電子はどのへんにたくさんいて、どのあたりにはいないかを示す目安になる、仮想的な波だということになります。

この授業のはじまりのところでお話しした「イデア」みたいなものですね。

さて、この波動関数を決める方程式は、1926年に、オーストリアの物理学者エルヴィン・シュレーディンガー（1887-1961）によって提案されました。

そこで、「シュレーディンガー方程式」と呼ばれています。

これは、ド・ブロイの考え方と、ニュートンの古典物理学のエネルギーと波を表わす式を基本にして、つくられたものです。

この式の中に出てくる「波動関数 ψ」という波の振幅の2乗が、その場所に粒子が存在する確率になるようにつくられています。

通常の波の強さが、波の振幅の2乗に比例していたことを思い出してくださいね。

参考までに、たとえば、動いている方向（x 軸）に力を受けずに自由に動いている、1個の電子を記述する「シュレーディンガー方程式」は、以下のようになります。

$$-\frac{\hbar^2}{2m}\cdot\frac{\partial^2\psi}{\partial x^2}=i\hbar\frac{\partial\psi}{\partial t}$$

ここで、「$\hbar$」（エイチバー）は、プランク定数「h」を、2πで割ったもの「$\frac{h}{2\pi}$」を表しています。

また、「$\frac{\partial^2\psi}{\partial x^2}$」や「$\frac{\partial\psi}{\partial t}$」は、「偏微分（へんびぶん）」といって、ある特定の方向の変化、つまり「微分（びぶん）」を表す記号ですが、今は、＋や÷と同じような数学の記号の一種と考えるだけでけっこうです。

とても美しく、エレガントなかたちをしていると思いませんか。

「光っていったい何なのだろう？」

という素朴だけれども難しい問いかけの果てに、ようやくたどり着いた新しい学問の体系が、「量子論（あるいは量子力学)」と呼ばれる分野なのです。

これは原子・分子の世界をきれいに説明することができる、新しい物理学の分野になっています。

考えてみれば、宇宙全体が原子・分子でできているのですから、宇宙の誕生から進化、終焉（しゅうえん）に至るまで、量子論（量子力学）は、相対性理論と並んで、宇宙のからくりを解き明かす重要な役割を果たす物理学の分野だということになります。

現代物理学を支える大きな柱が、相対性理論と、この量子力学だといわれる理由はここにあります。

2時間目はこれで終わりです。

あまりにも、日常とかけ離れた話でしたから、びっくりしたかもしれません。でも、これはあくまでも実験から得られた事実なのです。

最後に、量子力学という新しい物理学を打ち立てた、二人の偉大な物理学者が残した有名なつぶやきを紹介して、この時間の授業を終えることにしましょう。

「量子論にショックを受けない人は、それを理解していないのだ。われわれがパラドックスに直面したことは、まことに素晴らしい。おかげで、進歩を遂げられるという希望が生じたのだから。」
（ニールス・ボーア）

「光も物質も、それぞれは一つの実体なのだが、どちらも二重性をもつように見えるのは、われわれの言語がもつ限界のせいでしかない。」
（ヴェルナー・ハイゼンベルク）

※1　波長700ナノメートル（1ナノメートル＝10億分の1メートル）の赤い光を当てても電子は出てこない。

※2　波長550ナノメートルの黄色っぽい光の照射で放出される電子の速さは、秒速29.6万km。波長400ナノメートルの青っぽい光では、秒速62.2万kmで、より大きなエネルギーの電子がたたき出される。

《ティーブレイク――休み時間のおしゃべりタイム》
色のない光が色をつくる!?

太陽の光には色がありますか?

舞台の照明などに使う光とはちがって色はありません。私たちには無色透明に見えます。

でも、プリズムで分けてみると、赤、橙(だいだい)、黄、緑、青、藍(あい)、紫の七色からできていることがわかります。

七色といっても赤と橙との境界があるわけではなく、赤からなんとなく橙っぽくなっていくというように、連続的に変わっています。

これは、光の波長も、連続的に変わっているということです。では、なぜ、太陽光は無色透明に見えるのでしょうか?

それは、赤から紫までのすべての光が均等にふくまれていると、色を失って無色透明に見えるのです。たとえば、円盤の中心から円周にかけて7等分して、扇形をした部分をつくり、赤から紫までの七つの色を順番にぬったものを用意します。

そして、この円盤を回転させると、円盤全体の色は、まっ白に見えます。七色を混ぜると、白くなるということですね。

ところで、私たちの身のまわりにあるものには、色があります。

赤いバラの花が赤く見えるのは、無色透明な太陽光がバラの花弁にあたると、赤以外の色の光は吸収されてしまって、赤い光だけが反射してくるからです。

花弁が光を吸収する理由は、光の粒子と花弁をつくっている原子とが作用し合って、光のエネルギーを吸収してしまうのがその理由です。

では、赤いガラスが赤く透き通って見えるのはなぜでしょう？

それは、七色をふくんだ太陽光のうち、赤以外の光をガラスが吸収してしまって、赤い色しか通さないからです。

このように、私たちの身のまわりにあるものに色があるのは、無色透明な太陽光が、そのものに当たって、その光のエネルギーが、物質の原子や分子と衝突して、吸収されたり、散乱したり、あるいは反射されたりしているからです。

ぜんぶ、粒子としての光と、物質をつくる原子・分子との間でくりひろげられる、量子論の世界の出来事です。

ここで、ついでにもう一つ、雪はなぜ白いのか、について考えておきましょう。

そのヒントは、かき氷にあります。もともと氷は無色透明です。しかし、機械で小さく砕いてしまうと白くなりますね。

つまり、こういうことです。

雪は空気中の水蒸気が凍ったものです。その原料は水ですから無色透明です。

その氷が小さく砕かれると、結果として粒の表面積が増えることになります。

さて、一辺の長さが１の立方体の表面積は６ですね。

では、それぞれの辺を半分に分割して8個の立方体にすると、全体の表面積はどうなりますか？

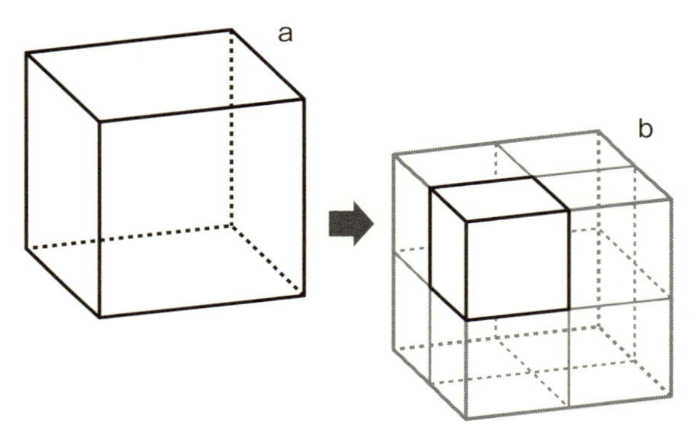

aは、一つの面の面積は1、全体で6面あるので6。

bは、もとの立方体の一辺の長さが2分の1の立方体が8つできる。

一つの立方体の表面積は、

$$\left(\frac{1}{2}\times\frac{1}{2}\right)\times6=\frac{6}{4}=\frac{3}{2}$$

そこで、この小さな立方体がバラバラになったとすれば、全部で8個あるので、全体の面積は、

$$\frac{3}{2}\times8=12$$

2倍になるでしょう。

小さな結晶に入射した光は、何度も何度も反射、屈折をくり返します。そのプロセスで、赤から紫までのすべての色の光が反射され、白く見えてしまうのです。

しかも、小さな雪片の中には空気がふくまれていますから、光はその空気の分子ともまんべんなく衝突して、混ぜ合わされ、よりいっそう、白く見えるのです。

その一方で、水は、赤っぽい光を吸収する性質があります。氷河の割れ目が青っぽく見えたり、海水が青く見える理由です。グランブルーですね。

さて、日本でも、北海道のような酷寒地（こっかんち）に降る雪は、とても粒子がこまかくなりますから、波長の長い赤っぽい光は吸収されて、波長の短い青っぽい光を反射する割合が多くなり、全体として青みがかった純白になります。北のさらさら雪が美しい理由です。

このように、〝色のない光が、色を生み出す〟というのも面白いですね。色をつくっているのはすべて、粒子としての光と、物質をつくっている原子・分子とのエネルギーのやりとりなのです。

「見えない」ものが「見える」ものを生み出すということですね。

授業のいちばん最初にお話ししたノヴァーリスの詩を思い出してくださいね。

「すべての見えるものは、見えないものにさわっている……」

3時間目の授業

素粒子から
宇宙の誕生まで

★ これまでのおさらい

さて、3時間目に入ります。

その前に、今日これまでお話ししてきたことの全体の流れをふり返って、おさらいしておきましょう。

まず、「授業をきいてくださるみなさんへ」。

この授業をはじめる前の準備として、人間がいかに、光と深く関わってきたかについて、宗教や、文学などにも話題を広げながらお話ししました。

そこでは、人間にとって「見えるもの」としての光と、「見えないもの」としての闇(やみ)というものの間で、いつもゆらいでいる心の不思議と世界との関係について考えました。

そして、いよいよ1時間目の授業。

「宇宙空間を通り抜けることができる、ただ一つの存在としての光」について、お話をしましたね。

遠いところにある星の姿が見えるのは、そこを旅立った光が私たちの目に届くからです。

そして、その事実から見えてくる、

「光の正体は、波ではなく、粒子でなければならない、少なくとも、粒子の性質をもっていなければならない」

というお話をしました。

これは、夜空に輝く星空を見上げることになれっこになっている私たちにとっては、とても衝撃的なことでした。

というのは、それでもなお光は、私たちの日常生活の中では、波の性質を見せているからです。

これに続く、2時間目の授業。

光をある種の金属に照射すると、そこから電子がはじき出されて、電流が流れるという「光電効果」の発見についてお話ししました。

「光電効果」によって、光が粒子であることがはっきりと確かめられた反面、その一方では、今まで粒子だと思われてきた電子までが波の性質をもっているということが、実験で確かめられたこともお話ししました。

ここで「電子のような粒子が、波の性質をもっている」という意味は、電子はあくまでも粒子のようにふるまいますが、その電子がどこにいるかということを考えると、あたかも電子が発見される確率が、「ある仮想的な波の強弱」によって表わされるという、不思議な性質をもっているということです。

その確率の変化を表わすグラフが、あたかも海の波のように変化しているということ、また、その波のことを「波動関数」という謎めいた表現をするのだという話でした。

つまり、実際に観測してみると、粒としての電子がどこに到達したかを示す点の分布が、電子を波だと考えたときの分布そのものだ……そんな不思議な結果が得られる、というのです。

★ なぜ世界を「理解できる」のか

さて、こうなってくると、
「光ってなんだ？」
「電子ってなんだ？」
という新たな疑問が、あらためてわきおこってきます。

「光は波であると同時に粒子であり、電子は粒子であると同時に波である」
なんて、とても私たちの常識では考えられないことです。

だって、浜辺の砂粒が、そこに打ち寄せる波で、その波が砂粒だというようなものですからね。
しかも、その波の正体が、水や空気の波のような具体的な波ではなく、
「〝確率の波〞という目に見えない数学的な波だ」
などといわれると、ますますわからなくなってしまいますね。

この自然のほんとうの姿とは、いったいどのようなものなのか。仮説を立てることで現象を説明できても、何か、感覚的に

はよくわからない、それにもかかわらず、理屈では、きれいに説明されてしまう……。

このような状況を、アインシュタインは、こんな言葉で表現しています。
「この世界のことでいちばん理解できないことは、世界が理解できるということである」

矛盾に満ちたような表現ですけれども、なんか、納得してしまいそうな名言ですね。
1時間目にもふれましたが、古代ギリシャ時代の哲学者プラトンは、自然の奥深くに内在している真理と、それを感知できる私たち人間の感覚との隔たりを、「光」と「影」というたとえで説明しました。

ひとことでいってしまえば、「宇宙の真理」は、私たちが生きている世界から見れば、「真の理想の世界」であって、私たちは、それを直接見ることはできません。ただ、その「真理の光で照らされた影」を見ているにすぎないというのです。

たとえば数学を例にとってみれば、「点」とは、
「面積をもたず、ただ空間の位置だけを指定するもの」
だと定義されています。
ところが、そのような点は、現実の世界には存在しません。

どんなに精密な筆記用具をつかっても、面積をもたない点を描くことはできません。

また、「直線」は、どうでしょうか。

「永遠のはるか遠くからやってきて、永遠の彼方(かなた)にまでまっすぐに伸びている、幅をもたないもの」

このように定義されると、それも、現実には書くことはできません。

これは想像上の理想世界にある存在であって、プラトン流にいえば、それこそ「イデア」そのものなのでしょう。

私たちは、その「理想世界にある点や直線」を頭の中で想像しながら、その影としての点や直線を描いては、思考をめぐらしているというわけです。

★「微分積分」の考えの基本とは

それでは、どうして、私たちは、実際には描くことのできない「理想の点や直線」が「真理の世界そのもの」である、などと考えているのでしょうか。

たとえば、私たちは日常会話の中で、なんの疑問ももたず、

「時速 100km」

などという言葉を口にします。

実は、時速 100km という速度は、

「もし、かりに1時間走ったとしたら、100kmの距離を走ることができるであろうような速さで、今、まさに走っている」ということを意味しています。

つまり、ある2点間の距離をLとして、その間をT時間で走ったとするとき、次の式が成り立ちます。

v（速度）＝L（距離）÷T（時間）

しかし、この式で得られる値（あたい）は、あくまでも「平均の速度」です。

その「瞬間、瞬間」の速度ではありません。

物理学で「速度」という場合、それはその瞬間の速度のことですから、「走っている時間の間隔を限りなく小さくしていって、その時間内に移動する距離で決まるもの」なのです。

実は、ここから「微分積分学（びぶんせきぶん）」という数学の分野が生まれました。

たとえば、はっきりしたかたちをもたない「ある図形」の面積を求めようとする場合を、考えてみましょう。

その「ある図形」を、面積のわかっている小さな正方形でうめていって、その正方形の個数を数えれば、最終的には「ある図形」の面積がわかるでしょう。

基準となる正方形のかたちを限りなく小さくすれば、もとの「ある図形」の面積は、さらに正確に求められます。

このように、現実の世界の中に「無限に小さく」という考え方をあてはめると、難しい問題も簡単に解けるようになります。

これが、微分積分学の基本です。

たとえばジェット機を飛ばすにも、宇宙探査機を打ち上げるにも、およそ現代文明、先端科学のすべての分野で、微分積分学に支えられた数学の理論が基礎になっています。

それだけでなく、日常生活に不可欠な自動車の開発、電気炊飯器やエアコンのような家電製品の設計や性能評価、また、短時間で体温を予測できる予測型体温計の設計も、微分積分学の手法なしでは実現できないのです。

★「ある」でもなく「ない」でもない

かりに「時間経過の〝ある一瞬〟を１本の直線の上の１点で表わす」としても、私たちには、その直線や点を描くことはできません。なぜなら、くり返しになりますが、厳密には、直線に幅はなく、点には面積がないからです。

ですから、「時間経過の〝ある一瞬〟を１本の直線の上の１点で表わす」ということは、まさに、さきほどお話しした「イデアの世界」のことであって、この世界で通用する私たちの日常とはかけ離れた話になってしまいます。

にもかかわらず、それらに支えられた理論によって、この現実が理解可能であるというのは、不思議なことです。

波と粒子の問題にもどりましょう。

今、お話しした観点からすれば、

「光は波なのか、それとも粒子なのか」

と、そのどちらか一方に決めてしまわなければならないという姿勢は、果たして正しいのでしょうか。

少し理屈っぽいいい方をすれば、こうなります。

「光は波ではない」と否定することは、波ではない別の何か、たとえば「粒子である」ということを、その否定の中にふくめているわけですね。

一方、「光は粒子ではない」と否定することは、〝粒子ではない別の何か〟の存在ををふくめていることになります。

つまり、「それは違う」という立場が成り立つのは、「違わない」ものをどこかで想像して、その判断の中にふくめているということです。

そうすると、光とは何かを考えるときには、波と粒子の〝両方の否定を同時にふくむような新しい視点〟を考えなければならなくなります。

同じことが、肯定の場合にもいえます。

実は、肯定か否定かの判断を、どちらかだけに割りきってしまうのは難しいということなのです。

だとすれば、波か、粒子かの、どちらかにしがみつくことをしないで、「どちらにも属さない姿がある」、と考えてもいいのではないでしょうか。

いうなれば、〝隠れて見えない光〟という理想の姿（イデア）があって、たまたま、私たちが、どのような状況で光と出合うかによって、光という〝本質の影〟として、それが波のようにも、粒子のようにも見える、と考えればいいのではないか、ということです。

あるいは、通常のレベルでいう肯定、否定の両方をふくんでいるという意味で、これを〝高い次元の肯定〟だといってもいいのかもしれません。

たとえば、あなたが、
「何も考えないで！」
といわれた場合はどうでしょう。
そんなときでも、あなたは、
「〝考える〞ことをしないでおこう」
と、〝考え〞ていませんか。
この矛盾を克服するには、〝考える・考えない〞という次元を超えて、少し難しくても「そんなことにこだわっている自分という存在から離れた境地に達する」こと以外には、方法がないでしょう。何ものにもとらわれない、ということです。
そういった立場をとるのであれば、光はあくまでも光であって、波か粒子か、はっきりと分けられるようなものではないということになります。
まさに、プラトンの「イデア」みたいなものですね。

これはまた、仏教の中の一つの流派である禅宗（ぜんしゅう）の考えにも似ています。
「何ものにもとらわれないことを目指す」、いえ「目指すことさえしない」、そんな座禅の感覚と、とてもよく似ています。
現代物理学の世界観と、東洋の智慧（ちえ）とは、たがいに相性（あいしょう）がいいといわれる理由はここにあります。
さらにいえば、2世紀から3世紀にかけて南インドに生きた思想家で、龍樹（りゅうじゅ）（ナーガールジュナ）という人がいました。龍樹が唱えた「中観（ちゅうがん）」の思想にも似ていますね。

それは、この世界の〝ある・ない〟の両極端をまとめてふくんでしまうような思想で、「中論」ともいわれています。

あるいは、100歳を超えても現役だった童謡詩人、まど・みちおさん（1909-2014）の「リンゴ」という詩を思い出します。

リンゴを　ひとつ
ここに　おくと

リンゴの
この　大きさは
この　リンゴだけで
いっぱいだ

リンゴが　ひとつ
ここに　ある
ほかには
なんにも　ない

ああ　ここで
あることと
ないことが
まぶしいように
ぴったりだ

（『まど・みちお全詩集』、理論社より）

いかがでしょう。
「ある」ことと「ないこと」が、ぴったり重なっているというのです。

もう一つ、別の例を挙げましょう。
たとえば、お友だちと楽しいおしゃべりをしたあと、お友だちは帰っていきました。
お友だちが座っていた椅子が、ぽつりと残っています。
そこには、もうお友だちはいないのに、空っぽの椅子に、お友だちの姿を感じるようなものです。

★ 相手を知ろうとすると、相手が「変わる」

もう少し、話を進めましょう。
私たちが、あるものを見て、それが「ある」とか、「ない」とか判断する状況について、考えてみましょう。

ふたたび、リンゴに登場してもらいましょう。
そこにリンゴがある、とわかるのは、リンゴという物体が見えるからですね。
ここで「リンゴが見える」ということは、「光で照らされたリンゴからの光を、私たちの目が感じている」からです。

では、まっ暗闇(くらやみ)だったらどうでしょう?

懐中電灯で照らすことによって、リンゴの所在を確かめることができます。
懐中電灯がなかったらどうでしょう？
手探りでリンゴにふれるか、さらには、それに顔を近づけて香りを確かめることによって、リンゴだと判断できます。
いずれにしても、リンゴに光を照射したり、手でさわったり、こちらからの働きかけがないかぎり、リンゴの存在を知ることはできません。

ところが、その存在を確かめるために、光を当てたり、手でもち上げたりすることで、もともとのリンゴの性質やかたちが変わってしまうことはないでしょうか。
光を照射すれば表面温度が変わり、味が変わってしまうとか、手でもったために、部分が変形してしまうとか……。

そこで、もう一つ。
あなたが、誰か相手の真意を確かめたいときは、どうでしょう？
確かめようとあからさまな質問をしたために、相手の気持ちを乱してしまって、相手の真意そのものが変わってしまう。そんなことだってあるでしょう。

あなたは、相手の気持ちを知りたいために「聞く」という働きかけをしました。

ところが、その働きかけが、相手の気持ちを変えてしまったために、かえって相手のほんとうの気持ちを確かめることができなくなる、ということですね。
相手を「知る」ための働きかけが相手を乱し、むしろ「知る」ことができなくなるという矛盾を引き起こしたわけです。

あなたが「知りたい」と思っている対象は、〝人の気持ち〟であっても、〝物体の状態〟であっても、実は同じです。それを知るためには、まず、あなたからの働きかけが必要です。

リンゴの例でいえば、さきほどもお話ししたとおり、光を照射するとか、手でつかんでみるとか、物理の言葉をつかえば「観測する」という働きかけの結果、その反応がもどってきて、相手の状況がわかるのです。

さらにもう一つ、道路脇に設置されている自動車の速度違反検知器のことを考えてみましょう。
いろいろな方法がありますが、いちばん手っ取り早いのが、レーダー照射による方法です。「オービス」などと呼ばれている自動速度取締機です。
走ってくる自動車に向かって電波、すなわち「目には見えない光」を発射して、それが跳ね返ってきたときの変化、いいかえれば、「エネルギーを決める波長の変化」から、自動車の速度を割り出すのです。

この場合は、向かってくる自動車に対して電波が照射されるわけですから、厳密にいえば、衝突する光のエネルギーが自動車の速度を変えるはずです。

速度を測ろうとすることが、測ろうとする自動車の速度を変化させてしまうわけです。

ただし、電波のエネルギーが、走っている自動車がもっているエネルギーよりもはるかに小さいので、自動車に与える影響は小さく、問題にはならないというだけのことです。

さきほどのリンゴの話でも、リンゴの重さに比べて、照射する光のエネルギーがはるかに小さいので、リンゴは変化しないように見えるだけなのです。

ところが、測定しようとする相手が、電子のように小さく軽いものであった場合、照射する光のエネルギーは、電子の位置も、そのときの電子の速度も、大きく変えてしまいます。

つまり、原子・分子のように、「小さくて軽い物体のきちんとした状態を調べること」は、原理的に難しいのです。

★「無人島の調査」はできるのか

まとめてみましょう。

相手が物体であっても、人間であっても、その対象のことを知りたいと思ったら、なんらかの「働きかけ」が必要です。

しかし、その働きかけ、すなわち「観測」をすることによって、相手の状態を変えてしまうので、相手の「ほんとうのこと」はわかりません。
いいかえれば、「観測」で得られた相手の状態には、ある程度の「ぼやけ」、つまり〝不確定さ〟が伴うということです。

ものが存在しているのか、いないのか、ということは、働きかけなしにはわかりません。
しかし別の立場から考えれば、この宇宙の中に存在するすべてのものは、おたがいに、見るものと見られるものが、相互に依存して存在している……つまり、ただ一つだけ独立して存在しているとはいえない、ということにもなります。
たとえば、ある島が無人島であるかどうかを調べるために、その島に調査隊が上陸したとすれば、〝そこ〟は、もはや無人島ではなくなります。
あるいは、ある場所が真空であるかどうかを確認するためには、真空であるかどうかを調べる装置を、〝その場所〟に入れなくてはなりません。しかしもしそうなると、もはや、そこは〝何もない真空という場所〟ではなくなります。

そういえば、ものが実在か、非実在かを議論するときに、よく引き合いに出される話で、次の問いかけがあります。
「もし月を見る人がいなかったら、月はあるといえるのだろうか？」

いかがでしょう？

私たちのふだんの日常の出来事で考えれば、人が見ていようがいまいが、月は月として存在していると確信しています。

しかしそれが、原子・分子の世界のことになると、なんとなく怪しくなってきます。

世の中は、「見られるもの」と、それを「見るもの」との関係があってはじめて、〝存在がある〟ということのようです。

ところで、物理学という学問は、ある物体の状態や運動の状況を調べる学問です。その物体が、

「いつ」

「どこにあって」

「どういう方向に動いているか」

を調べることが、基本です。

自動車の例でいえば、

「何時何分に」

「A という交叉点を」

「東に向かって、時速 50km で動いている」

といえば、その自動車の運動状態が、はっきり決まります。

つまり、「位置」と「速度」がわかれば、「その時刻の運動状態」がわかるということです。

ついでにお話ししておけば、速度とは、どちらの方向に、という「方向」もふくんでいることをおぼえておきましょう。

これを「ベクトル」と呼んでいます。つまり、「ベクトル」とは、大きさと方向をもっている物理量のことです。

重さとか温度などには、方向がふくまれませんから、それは「スカラー」と呼ばれています。

★「不確か」であることを確かに知る

それでは、3時間目の授業で、みなさんにいちばんお伝えしたかった大切な話をしましょう。

まず、一つの電子の状態を調べることから始めましょう。

さきほどお話ししたように、電子がどこにいて、どれくらいの速さで走っているかを調べようというのです。

それには、電子に光を照射して、そこからの反射光を顕微鏡で観測するという方法をとります。

こういう実験を、ここで今、現実に行なうことはできませんが、かりにできるとして、想像の中で行なうことにします。これを「思考実験」といいます。

まず、電子に光が当たって跳ね返ってくることで、電子がどこにいたかがわかるわけですが、ここで、光を波だと考えましょう。すると、光には波長がありますから、その波長よりも小さい位置情報は、波がとび越えてしまってよくわからないということになります。

場所の確からしさは、波長の長さくらいの限界をもつということですね。

つまり、照射する光の波長よりも小さい正確さでは、位置を測定することはできないのです。

別の例で、考えてみましょう。

小石がごろごろ転がっているところを歩いていく光景を、思い浮かべてください。

大きい歩幅（これがつまり「長い波長」です）で、すたすた歩いていけば、小石にさまたげられる割合は小さくなるので、小石の存在には気づきません。しかし、歩幅が小さくなればなるほど、小石につまずきやすくなります。

ここで「小石」を電子だとすれば、大きい歩幅で歩くあなたは、電子の存在に気づくことはできません。つまり、歩幅の大きい大人はつまずかないのに、歩幅の小さい子どもはつまずいてしまいます。子どもには小石の存在が意味をもつわけです。

いいかえれば、小石の位置を認識できる限界は、おおよそ、歩幅くらいの大きさだと考えればいいでしょう。

歩幅を小さくすればするほど、小石につまずきやすくなりますから、小石の位置はより正確に認識できます。

つまり、波長が短くなればなるほど、電子の存在をとらえやすくなるわけです。

★「不確定性原理」にたどりつく

そこで、電子がx軸方向に走っているとして、位置の不正確さをΔx（デルタ・エックスと読みます）とすれば、次のような式で表わせます。

$$\Delta x \sim \Lambda \qquad \text{【式1】}$$

ここで、記号の「〜」は、「おおよその」という意味です。「ニアリーイコール」ともいいます。

Λ（ラムダ）は、電子に当てる光の波長です。

ここでは、光を波動だと考えていることに注目しましょう。

さきほどの「小石」と「歩幅」の例でいえば、歩幅に相当します。

次に、すでに2時間目にお話ししたことですが、電子にも光にも、粒子の性質がありました。

そこで、質量mの粒子が速度vで運動しているときの波長Λは、次の関係があることを、思い出してください。

$$\Lambda\text{（波長）} = \frac{h}{mv} \qquad \text{【式2】}$$

また、物理学では、質量に速度をかけた量を「運動量」と定義しています。そこで、「運動量」をpで表わせば、

p（運動量）＝m（質量）×v（速度）

となります。

前のページの【式2】の「$\frac{h}{mv}$」を運動量pで表わせば、

$$\Lambda = \frac{h}{p}$$

となります。この式を、運動量について書き換えると、

$$p = \frac{h}{\Lambda} \quad 【式3】$$

という関係があることにも、注目しておきましょう。

ここで本題にもどって、走っている電子に運動量pの光を当てた、と考えてみてください。

また、玉つきの玉が別の玉に衝突されると、そのエネルギーをもらって、ぶつかってきた玉と同じくらいの速さで動き始める場面を想像してください。

そのときは、その電子の運動量も「p（運動量）＝mv」くら

い変えてしまった可能性があります。

ここで、運動量pの不確かさを「Δp」（デルタ・ピー）とします。

その「不確定さ」は、走っている電子の位置を調べるために、外から照射した光の運動量くらいだと考えれば、左ページの【式3】から、以下の式で表わせます。

$$\Delta p \sim \frac{h}{\Lambda} \qquad 【式4】$$

109ページの【式1】と、上の【式4】から、

$$\Delta x \cdot \Delta p \sim h \qquad 【式5】$$

という関係が得られます。

ここで「・」と記されてあるのは「×」の意味です。

hは、2時間目にお話ししたプランク定数です。

じつは、この【式5】こそ、量子力学のもっとも基礎になる関係式です。

ドイツの理論物理学者、ヴェルナー・ハイゼンベルク（1901-1976）によって、1927年に発見された「不確定性原理」と呼ばれているものです。

★ 宇宙をつくっている根本原理とは

あらためて「位置の不確かさΔx（デルタ・エックス）」と、「運動量の不確かさΔp」の関係を見てみましょう。

$$\Delta x \cdot \Delta p \sim h \qquad 【式5】$$

この【式5】の意味は、ごく簡単に説明するとこうです。

たとえば、ある物体がどこにあるのか、その位置を調べようとするときに、外から光を当てるとします。そのとき、位置を「より正確に」、つまり「Δxを小さく」したければ、より波長の短い光をつかうことになります。

できるだけ、歩幅を小さくすればするほど、「小石」につまずきやすくなりますからね。

ところが、波長が短い光というのは、2時間目でお話ししたように、エネルギーが大きい光ですから、それが衝突すれば、電子の速度を大きく変えてしまいます。

つまり、【式5】の「Δxを小さく」して位置を正確にしたければ、運動量の「不確定さΔp」が大きくなってしまう、ということを表わしています。

位置を正確に知ろうと思えば、運動量の値がぼやけてしまい、よくわからなくなるのです。

逆に、運動量を正確に測ろうとすれば、外から当てる光のエネルギーを小さくすればいいのですが、そのためには、長い波長の光をつかう必要があります。
ということは、位置情報は、当てる光の波長以下は測れませんから、位置の情報がぼやけてしまって、どこにいるのか、はっきりしないということになるわけです。

まとめていえば、物体が運動している状況を正確に教えてくれる二つの物理量、すなわち、
「位置と運動量の両方を、同時に正確に知ることはできない」
ということを主張しているのが、【式5】の「不確定性原理」なのです。

この簡単な関係が、実は、小さな原子・分子の世界から、広く宇宙全体のことにまで浸透していて、宇宙のすべてをつくっている根本原理の一つであるというのは、驚くべきことです。
くわしくは、4時間めの授業でお話ししますが、原子が安定して存在するためにも、この「不確定性原理」が欠かせないのです。
宇宙全体は、原子でできているので、原子が安定して存在できなければ、宇宙も私たちも、すべてのものが存在できないことになります。
その意味では、私たちの存在と「不確定性原理」は、大きくかかわっているともいえます。

3時間目の授業はここまでです。

それでは、ここでひと息いれて、つぎの4時間目は、午前中最後のまとめの授業にはいりましょう。

「不確定性原理」についての理解を、いっそう深めるための授業です。

《ティーブレイク——休み時間のおしゃべりタイム》

不確定性原理が支える私たちの日常生活

粒子が波の性質をもっていて、波が粒子の性質をもっているなんて、日常のスケールで考えるとほんとうに不思議ですね。

この不思議について、3時間目で紹介した「不確定性原理」の式をつかって、もう少し考えてみましょう。

たとえば、目の前に一つのリンゴがあるとします。

その「リンゴの位置と運動量の不確かさ」が、どれくらいか考えてみましょう。

今、重さ300g（0.3kg）のリンゴの位置xを、原子の大きさくらいの精度、すなわち、

Δx～1億分の1メートル（$\Delta x \sim 1\times10^{-8}$）　　【式A】

というものすごい正確さで決めてみましょう。

記号の「～」は、「おおよその」という意味でしたね。

そのときの運動量の「不確定さΔp」は、さきほどお話しした、「不確定性原理」の式から求めることができます。まず、

$$\Delta x \cdot \Delta p \sim h$$

という元の式を、「不確かさΔp」について、書きなおすと、

$$\Delta p \sim \frac{h}{\Delta x} \qquad \text{【式B】}$$

ところで、運動量pとは、質量mと速度vをかけたものでしたね。
つまり、

p（運動量）$= mv$（質量×速度）

もし、リンゴの重さ（正確には「質量」ですね）mが変わらないとすれば、「p（運動量）の不確定さΔp」は、「v（速度）の不確かさΔv」になるでしょう。
そこで、【式B】の「Δp」を「$m \cdot \Delta v$」に書き換えると、

$$m \cdot \Delta v \sim \frac{h}{\Delta x}$$

ここまではよろしいですか。
この式を、Δvについて解けば、

$$\Delta v \sim \frac{h}{m \cdot \Delta x} \qquad \text{【式C】}$$

になります。

そこで、この式に、プランク定数の値h、300gのリンゴの重さm（正確には質量）、そして位置の不正確さΔxを代入してみます。

ただしそれぞれは、以下のような値とします。

$h = (6.62607 \times 10^{-34}) \fallingdotseq (6.6 \times 10^{-34})$
$m = 3 \times 10^{-1}$
$\Delta x = 1 \times 10^{-8}$

これらを代入すると、以下のような値が得られます。

$$\Delta v = \frac{6.6 \times 10^{-34}}{(3 \times 10^{-1}) \times (1 \times 10^{-8})}$$
$$= 2.2 \times 10^{-25} \text{（m/秒）}$$

この「2.2×10^{-25}（m/秒）」という値は、リンゴの何を意味しているでしょうか。

この場合の速度vの不確定さΔvは、なんと毎秒1mの１兆分の1の、そのまた１兆分の１よりも小さいということになります。つまり「ほとんど不確定さゼロできっちり決まる」ということです。

まとめていえば、リンゴに光を当てて、その位置を正確に測定しようとするとき、突然目の前のリンゴがどこかに飛んでいってしまうなんていうことは起こらず、位置も運動量も、両方とも、ぴたり、と決められるということです。

これは、リンゴが原子・分子にくらべて重いので、不確定性原理による影響は出てこないということを意味しています。

言葉を変えれば、「不確定性原理」は、私たちがふつうに生活している世界では、気にすることはないのです。しかし、それがいったん原子・分子の世界になると、突然、効力を発揮するようになります。

さきほどもお話ししたように、私たちをふくめて、この世界はすべて原子・分子でできているのですから、間接的には、私たちの生活も、「不確定性原理」の支配下にある、といってもいいのです。

考えてみてください。

私たちには心があります。心の働きを支配しているのは脳ですね。

その脳も、また原子・分子の集合体です。

となると……私たちの精神活動も、「不確定性原理」と無関係ではないのかもしれません。

研究の面白さというのは、一つのことを深く探求していくことが、すべてのものにつながっていくことなのです。

4時間目の授業

「不確定性原理」で何が「変わる」のか

★「波」と「粒子」の関係をもう一度

4時間目、午前中最後の授業ですね。

さて、3時間目までのお話で、量子論という、現代の物理学を代表する学問の中でも、いちばん中心的なものとしてハイゼンベルクの「不確定性原理」にたどりつきました。

ここまで理解できれば、量子論の基本は、おおよそ理解できたといってもいいと思います。よくがんばりましたね。

その出発点になった重要な発見は、2時間目にお話しした、電子の波動性についての発見でした。

つまり、「質量 m」をもつような粒子が、「速度 v」で走っているとき、その粒子がもつ波長は、以下の式で表わされました。

Λ（ラムダ）は「波長」、h は、もう何度か出てきましたね、「プランク定数」です。

$$\Lambda = \frac{h}{mv} \qquad \text{【式1】}$$

この式の意味は、「質量 m」の粒子が「速度 v」で走っているときには、「波長 Λ」をもった波のようにふるまうということでした。

さらに、「運動量」をpで表わせば、

$$p = mv$$

ですから、【式1】を書き換えると、波長は

$$\Lambda = \frac{h}{p} \qquad 【式2】$$

になります。

これは、理屈で考えた理論というより、実験的に発見された関係だといったほうがいいでしょう。

実は、この【式2】には、とても重要な意味が込められています。

まず、【式2】の左辺のΛは波長ですから、「波の性質そのもの」を表わしています。

その一方で、右辺は、質量mの粒子が速度vで動いているという運動量pがふくまれていますから、「粒子としての状態」を表わしています。

つまり、今朝からずっと、「光は波なのか、それとも粒子なのか」というお話をしてきたのですが、この【式2】は、波と粒子を区別するのではなく、おたがいを関係づける重要な役割をしている式なのです。

「不確定性原理」は、まさに、この式から導かれたのです。
　ですから、それは「波か粒子か」という議論に、一つの終止符を打った重要な原理だともいえます。

★「運動量」で考える

　それでは、ここで少し計算をしてみましょう。
　電子とピンポン玉の波長の計算です。

　まず、電子からです。
　電子顕微鏡や、テレビのブラウン管などの中を走っている電子の速度は、およそ10^6m/秒くらい。速いですね。
　電子の質量は、9.1×10^{-31}kg。とても小さい値（あたい）です。
　そしてプランク定数hは、6.6×10^{-34}J/秒です（Jは、エネルギーの単位「ジュール」のこと）。

　そこで、これらの値をさきほどの、

$$\Lambda = \frac{h}{mv} \qquad 【式1】$$

に代入すると、次のようになります。

$$\Lambda\text{（電子の波長）} = \frac{6.6\times10^{-34}}{9.1\times10^{-31}\times10^{6}} \fallingdotseq 7\times10^{-10}\ (m) \qquad \text{【式3】}$$

この【式3】が示している電子の波長は、粒子としての電子の大きさ（10^{-17}m以下）よりも1000万倍も大きく、原子の大きさにくらべても100分の1くらいの大きさの波長です。

ですから、電子は「粒々」であるというよりも、原子の周りをまわっている「波」のように感じられても、不思議ではありません。

一方、ピンポン玉はどうでしょうか。

では、いきおいよく打ち込まれるピンポン玉の「質量m」を2.4g（2.4×10^{-3}kg）、「速度v」を30m/秒として、さきほどの【式1】に代入て計算してみましょう。

$$\Lambda\text{（ピンポン玉の波長）} = \frac{6.6\times10^{-34}}{2.4\times10^{-3}\times30} \fallingdotseq 9\times10^{-33}\text{m}$$

これはどんな小さな素粒子よりも小さく、ピンポン玉の大きさにくらべれば、ほとんど0に等しいくらいの大きさです。

ちなみに、小さい素粒子の大きさは10^{-20}m くらいです。

ということは、たとえていうと、大きな船がさざなみの上に乗っているようなもので、波の上にいる実感はまったくないでしょう。ピンポン玉には波の性質がないといってもいいということです。

いいかえれば、粒子が波の性質をもっていることが明白になるのは、極微(きょくび)の原子・分子の世界だけでの話だ、ということになります。

さて、3時間目に、ある時刻における粒子の運動状態を調べるのには、その位置と速度がわかれば十分だというお話をしました。

そして、位置を正確に調べようとすれば、速度がぼやけてきて、速度を正確に調べようとすれば、位置がぼやけてしまうともお話ししました。これが「不確定性原理」です。

そこで、これからさきは、速度の代わりに、速度に質量をかけた「運動量p」でお話しすることにしましょう。

もういちどくり返せば、質量をm、速度をvとすれば、運動量pは、以下のように表わせます。

$p=mv$（運動量＝質量×速度）

つまり、粒子の状態を特徴づけるには、粒子の重さ（正確には質量ですね）と速度がわかれば、はっきりしますから、まとめて「運動量p」として表わしたほうが便利なのです。

★「位置」と「運動量」で考える

そこで、「不確定性原理」です。

この原理が主張しているのは、

「位置と運動量の両方は、同時に正確に知ることはできない」

ということでした。

これは直観的にいえば、こういうことです。

「ある粒子の位置」を知るために、光のようなものを粒子に照射すると、どうなるでしょう。

当然、ピンポン玉が衝突するように、相手の粒子に力が加わって、速度が変わり、運動量も変わってしまいます。

では、運動量を正確に測るためには、どうすればいいでしょうか。

まず、速度をきちんと調べなければなりません。

速度というのは、二つの離れた場所の間を通過する時間から求めなければなりません。

速度は、「距離÷時間」ですからね。

ところが、速度をきちんと決めるには、二つの離れた場所を決めなければなりません。
「粒子がどこにあるのか」という情報がピタリと決まらず、「この二つの場所の間の、どこか」ということに、なってしまいます。
つまり、運動量をきちんと決めるためには、位置の情報がぼやけてしまうということなのです。

ところで、「不確定性原理」に出てくる二つの物理量が、どうして「位置」と「運動量」なのでしょうか。

それは、すでにお話ししたことですが、粒子の運動をきちんと知るためには、その二つがあれば、十分だからです。
少し極端な例ですが、「位置」と「運動量」を、私たちの体の特徴に置き換えて考えてみてください。
たとえば、まだ会ったことのない人のことを説明する場合、その人の「身長」と「体重」をいえば、なんとなく、その人の姿、かたちが想像できますよね。

そこで、ちょっと乱暴な実験を想像してみましょう。
ある人の身長を測るために、まず、ベッドの上に寝てもらいます。
その上からいくつもの小さなおもりを、身長の方向にそって、等間隔に落とす実験をしたとしましょう。

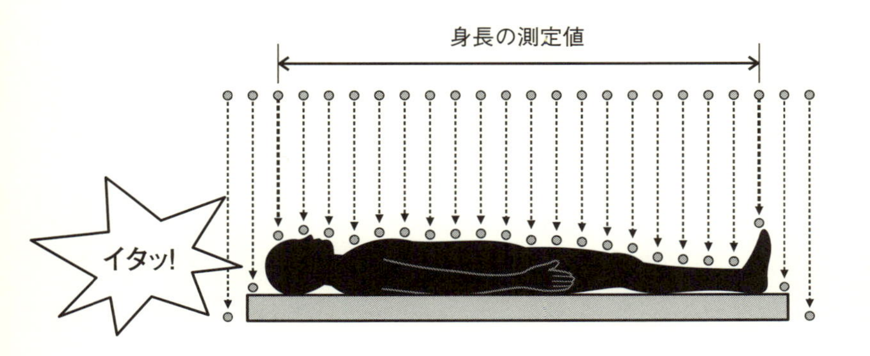

多くのおもりを小さい間隔で落とすと、身長は正確に測れる。
だが、体重はおもりの重さが加わるので、誤差が大きくなる。

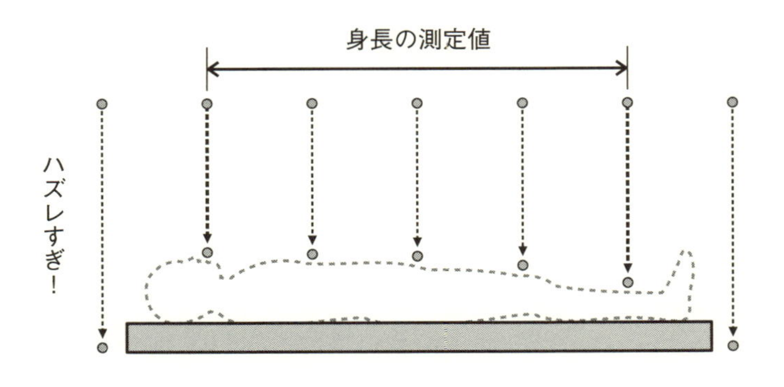

体重を正確に測るには、おおざっぱにおもりを落とせばよい。
だが、落ちた位置の誤差が大きくなり、身長は不正確になる。

この実験で、おもりが、体の上にのったら、
「のった！」とか、
「当たった！」とか、あるいは、
「痛い！」
といってもらうことにしましょう。

身長を測るためには、多くのおもりをなるべく小さい間隔で、小刻みに落としていけば、より正確に測れますね。
ところが、身長が正確に測れても、そのとき、体の上にはたくさんのおもりがのるわけですから、体におもりの重さが加わって、体重の誤差は大きくなります！

つまり、身長を正確に測ろうとすればするほど、体重の正確さはぼやけてきます。逆に、体重を正確に知ろうとすればするほど、おおざっぱにおもりを落とすことになりますから、正確な身長はわからなくなります。
この場合の、「身長と体重」という物理量のセットが、粒子の場合の「位置と運動量」に相当するのです。

★「すてきな少女」で考える

少し話題がそれますが、星の個性を決める物理量は、「明るさと色」がセットになっていることにもふれておきましょう。

星にも、誕生と進化（成長）と終焉（死）があります。

生まれたばかりの星は温度が低いので、赤っぽく、それほど明るくはありません。時間がたつにつれて、温度が上がり青っぽくなり、輝きも増していきます。

そして、エネルギーをつくりだすための燃料がなくなると、星はみずからの重さを支えることができなくなって、一挙にちぢみはじめます。

そのために急速に温度が上がって、残った燃料に火がついて大爆発、つまり超新星爆発を起こします。

その結果、星の中心部はブラックホールになったり、大きく膨張して再び赤っぽくなって、終焉への道をたどります（これを「赤色巨星」といいます）。あるいは、温度だけが高くなって、ぎらぎらと青っぽく輝き、星の周囲が吹き飛ばされることによって、全体の明るさは暗くなっていったりします（これは「白色矮星」とよばれます）。

以上のように、星の一生は、その星の明るさと色によって表わすことができるのです。

その関係を、横軸に星の温度（つまり「色」です）をとり、縦軸に明るさをとって、グラフにすることができます。

すると、星の一生の移り変わりを、曲線で表わすことができます。これを、ヘルツシュプルング・ラッセル図（略してH－R図）といいます。

ヘルツシュプルング・ラッセル図
（図中の- - -は、星の一生がたどる曲線）

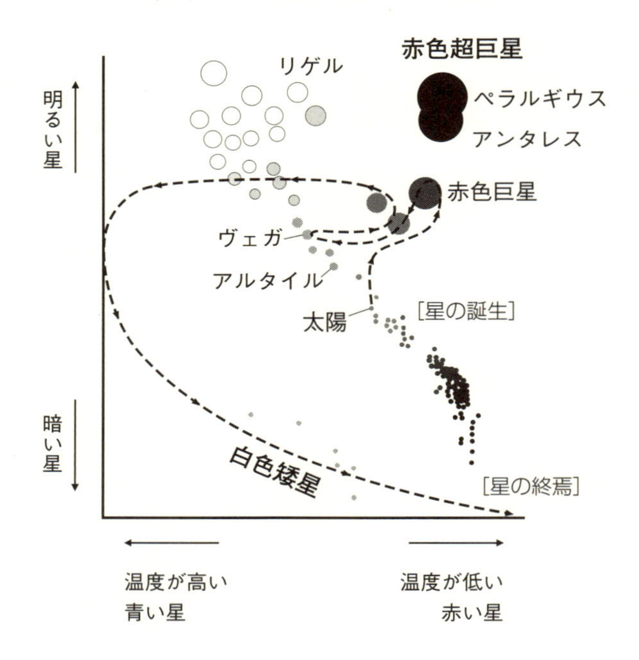

もともと、「明るい星」、「暗い星」といっても、見かけ上、近い星は明るく、遠い星は暗く見えます。

そこで、すべての星を、私たちのいるところから32.6光年（1光年は約9.5兆キロメートルです）のところにおいたとしたときの〝見かけの明るさ〟（これを「絶対等級」といいます）を、その星の明るさとしてグラフ化しています。

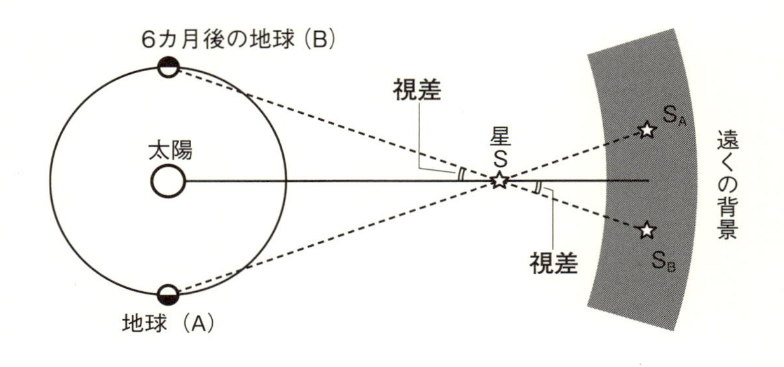

S_A＝A 位置から見た、星 S のみかけの位置
S_B＝B 位置から見た、星 S のみかけの位置

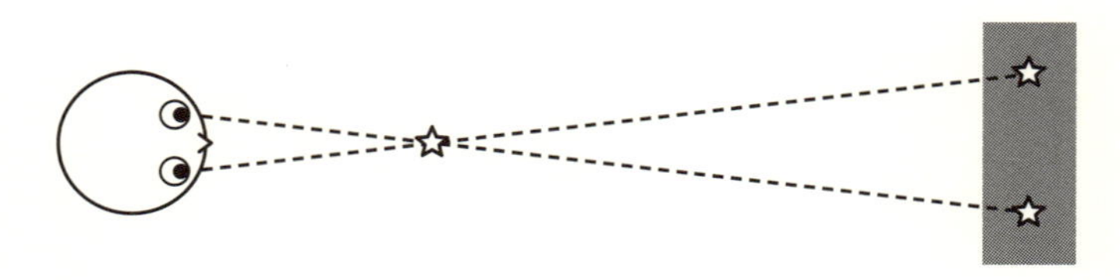

視差が大きい→星が近い

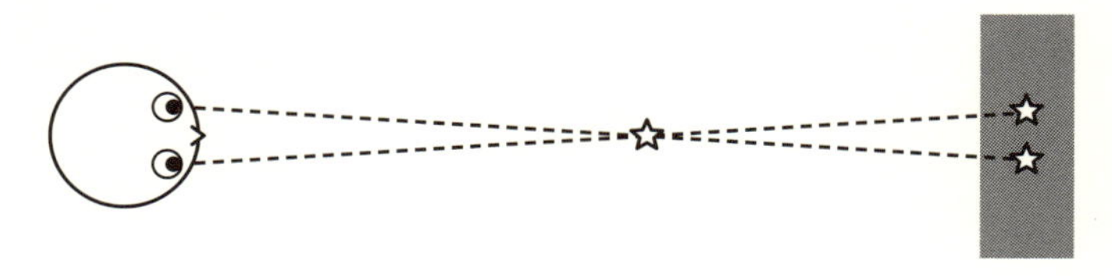

視差が小さい→星が遠い

なぜ、「32.6光年」かというと、こういうことです。

地球は、太陽の周りを1年かけてまわっていますから、観測している星の位置が、ちょうど半年ごとにいちばん大きく変化します。

そこで、半年ごとに目標となる星の位置を見ると、その星が見える方向、すなわち角度がちがって見えるでしょう。この角度の変化を「視差」といいます。視差が、1度の3600分の1（これを1秒角といいます）になるときに、その星までの距離が、3.26光年に相当します。この距離を、「1パーセク」と呼びます。

通常は、その10倍の10パーセク、すなわち32.6光年を単位として、その距離においたときの明るさで比較することが決められているのです。

こうした観測結果から、星の特徴も一生の変化も、明るさと色で決められるのです。面白いですね。

ついでにもう一つ。星の色は、プリズムを通していろいろな色にわけられますが、それを「スペクトル型」といっています。

表面温度が50000度くらいの青い星から3000度くらいの赤い星まで、温度の順番に

「O型、B型、A型、F型、G型、K型、M型」

などに、分けられます。

たとえば、私たちの太陽の表面温度は黄色っぽく6000度くらいですから、G型。

七夕（たなばた）の星、ヴェガ、アルタイルはもっと高温でA型。

冬の星座の王者ベテルギウスはとても赤っぽくてM型です。

以上、O型からM型までの七つのタイプに、その後3000度以下の三つの派生型を加え、次のように並べています。

```
                                          R型─N型
                                         ／
O型─B型─A型─F型─G型─K型─M型
                                              ＼
                                                S型
```

この順番のおぼえ方には、プリンストンの大学院生たちによるという、とてもロマンティックなおぼえ方があります。

"O, Be A Fine Girl, Kiss Me, Right Now, Smack !"

（おお、すてきな少女でいてください。私に、いますぐキスしてください、チュッ！）

……すばらしいですね。

単語それぞれの頭文字を確かめてみてください。

★「不確かさ」で考える

それでは、本題にもどりましょう。

2時間目の講義で、「振動数ν」の光は、「$h\nu$というエネルギー」をもつ粒子としてふるまう、というお話をしました。

ここで、h はプランク定数です。
そのエネルギーを E とかけば、

$$E = h\nu$$ 【式3】

という式で表わせます。
じつは、この関係からも「不確定性原理」のもう一つの側面が導き出されることを、お話ししましょう。
それは、動いている物体の運動量の大きさに不確定さがあるのならば、「不確定性原理」によって、それはそのまま、動いている物体がもつエネルギーの不確定さにも反映されることから、出てくるものです。

また、一方で、位置のぼやけということも確認しておきましょう。位置がぼやけているということは、「どの時刻に、どの場所にいたかが不明確だ」ということなのですから、それは時刻の不確定さにもかかわってきます。そこで、

$$E = h\nu$$ 【式3】

を使って考えてみます。
まず【式3】の「エネルギー E」の不確定さを「ΔE」（デルタ・イー）として、その原因が、光の「振動数 ν」の「不確かさ $\Delta\nu$」にあるとしましょう。

hは定数ですから変わらないことに注意しましょう。式で書けば、つぎのとおりです。

$$\Delta E \sim h \Delta \nu$$

ここで、「＝」のかわりに「〜」をつかったのは、3時間目にもお話ししたように、不確定さを扱うからです。つまり「およそ等しい」という意味の「〜」を使っただけのことです。

ところで、「振動数ν」というのは、1秒間に何回、振動するかという数のことです。ですから、それは1回振動する時間、すなわち「周期T」と関係があります。

たとえば、「振動数が10である」ということは、1秒間に10回振動することですから、1回あたりの振動にかかる時間、つまり周期は$\frac{1}{10}$秒で、「$\nu = \frac{1}{T}$」の関係があります。

ここまでは、よろしいですね。

とすると、振動数νの不確定さは、「周期T」の不確定さ、いい換えれば「時間の不確定さΔT」分の1だ、と考えてもいいことになります。つまり、

$$\Delta E \sim \frac{h}{\Delta T}$$

これを書き換えると、

$$\Delta E \times \Delta T \sim h \qquad 【式4】$$

が、得られます。

これが「エネルギーE」と「時間T」についての不確定さを表わす「不確定性原理」です。

それは、こういうことです。

エネルギーの大きさをぴったり決めようとすれば（ΔEを小さくすれば)、逆に時間を正確に決められなくなり（ΔTが大きくなり）ます。

反対に、時間をきちんと決めようとすれば、エネルギーがぼやけてしまうということですね。

★「粒子」と「波」の二重性

この「エネルギーと時間」の関係から、これまでずっと、なにかすっきりしなかった（？）粒子と波の二重性のからくりが、見えてきます。

まず、十分に強い光があるとします。

ということは、そこにはたくさんの光の粒、フォトン（68ページでお話ししましたね）が、ふくまれています。

ここで、光の粒の数をNで表わせば、この光の粒の数にも、ばらつき、つまり「粒の数の不確定さΔN（デルタ・エヌ）」が出てくるでしょう。それが、そのまま「光全体のエネルギーのばらつきΔE」になります。

そこで、もう一度【式4】を見てみましょう。

$$\Delta E \times \Delta T \sim h \qquad \text{【式4】}$$

ΔE（全体のエネルギーのばらつき）が大きくなるということは、ΔT（周期の不確定さ、いいかえれば時間の進み方を示す足並みの不確定さ）が小さくなることです。おわかりですね。

ここで、ΔTが小さくなるということは、次から次へと流れていく時間ごとに粒子の位置が決まっていて、全体の足並みがそろっているということです。

つまり、粒子の動きを連続的に追いかけることができるということです。いいかえれば、粒子は、波のようにふるまうことになります。波は、連続的に変化しますからね。

強い光は、波のようにふるまうということです。

一方、光が弱い場合は、どうでしょう。

光の粒、つまりフォトンの数も少ないわけですから、ばらつきも少なく、ΔEも小さくなります。ということは、ΔTは大きくなり、光の変化を連続的に追いかけていくことができなくなります。

つまり、全体の足並みは乱れてしまって、変化は不連続になります。したがって、あたかも、でたらめに粒子が動いているかのように見えるのです。

この議論は、もちろん、厳密になされなければなりませんが、ここでは、感覚的にそのように理解すれば十分です。

大事なことは、「強い光は波のようにふるまい、弱い光はぽつりぽつりと粒子のようにふるまう」ということです。

これが「不確定性原理」を出発点にした、粒子、波の二重性の説明です。

★「世界中でいちばん美しい式」で考える

なんとなく、光の「粒子と波の二重性」の意味が、見えてきましたか？

「あ、そうか」と、ぼんやりながらでも、そんな気がしていただければ、それでけっこうです。数学での議論を、日常の言葉で説明しようとすると難しいですから、まず感じていただければ、それで十分です。

ここで、1時間目にお話しした、星からの光のことを思い出してください。遠い星からやってくる光は弱いので、波というよりも、粒子に近い性質を示していると考えてもいい、ということになりますね。

これはきちんといえば、「粒子の数のゆらぎと、粒子全体を波と考えたときの連続性のゆらぎとの間の不確定性原理」と呼ばれますが、ここでは深く立ち入ることはしません。

また、粒子全体を波と考えたときの連続性のことを、「位相（いそう）がそろっている」ともいいますが、ここではおぼえる必要はまったくありません。

ところで、みなさんは、

$$E = mc^2$$

という式を、どこかで見たことがあるでしょう。

アインシュタインが、「特殊相対性理論」の中で導き出した有名な式です。これは、「質量 m」の物体が潜在的にもっている「エネルギーE」との関係を表わした式で、「mc^2」の c は「光の速度」を表わし、3×10^8m/秒です。

世界中でいちばん美しい式だといってもいいくらい、単純明快に、目に見える質量と、目には見えないエネルギーを結びつけた式です。

この式を、「不確定性原理」と結びつけると、私たちの常識を超える不思議な現象が見えてきます。

まず、

$$E = mc^2$$

の式の「質量m」が、粒子の質量であるとして、それが「Δm」（デルタ・エム）だけ変わったとします。すると、それによる「エネルギーE」の変化、つまり「ΔE」は、

$$\Delta E = \Delta m \times c^2 \qquad \text{【式5】}$$

ですね。cの項は、定数ですから変わりません。

この【式5】をさきほど紹介した「不確定性原理」を示す、

$$\Delta E \times \Delta T \sim h \qquad \text{【式4】}$$

に代入すると、どうなりますか。

$$(\Delta m \times c^2) \times \Delta T \sim h$$

ですね。この式の両辺を、定数c^2で割ると

$$\Delta m \times \Delta T \sim \frac{h}{c^2} \qquad \text{【式6】}$$

になります。

さあ、この【式6】は、何を表わしているのでしょうか。

これは、時間が短くなれば（ΔT→小)、質量の不確定さが大きくなる（Δm→大)、ということです。

つまり、驚くべきことですが、

「短い時間であれば、もともと存在した粒子のほかに、新しい粒子が存在できる可能性がある」

ということを意味しています。

★ シンデレラのような粒子

これはたとえば、一つの粒子がゆらいで二つになり、ΔT時間後にはまた、一つの粒子にもどっていることが考えられる、ということです。

ある限られた時間の間はある役割を演じ、それを過ぎると、またもとのすがたにもどってしまう……。

そんなことが、ほんとうにありうるのでしょうか。

何か、「シンデレラ粒子」と呼びたいところですね。

そこで、原子核を構成している陽子（プロトン）の一つがゆらいで、陽子くらいのもう一つの粒子を生み出していられる時間を、計算してみましょう。まず、

$$\Delta m \times \Delta T \sim \frac{h}{c^2} \qquad 【式6】$$

の両辺をΔmでわって、ΔTについて解きます。
すなわち、

$$\Delta m \times \Delta T \times \frac{1}{\Delta m} \sim \frac{h}{c^2} \times \frac{1}{\Delta m}$$

$$\Delta T \sim \frac{h}{\Delta m \times c^2} \qquad \text{【式7】}$$

になります。hはプランク定数（6.6×10^{-34}J・秒）でしたね。
ここで、
「Δm（陽子の質量）～1.7×10^{-27}kg」、
「c（光速）～3×10^8m/秒」
という値を代入すると、

$$\Delta T \sim \frac{6.6 \times 10^{-34}}{1.7 \times 10^{-27} \times (3 \times 10^8)^2}$$

$$= 4.3 \times 10^{-24}\ \text{（秒）}$$

つまり、この「ΔTという時間」内に限れば、陽子くらいの「シンデレラ粒子」を、何もないところから生み出すことを想定してもいい、ということです。
じつは、この「シンデレラ粒子」には、「仮想粒子」という呼び名があります。

そこで、このシンデレラのような仮想粒子が、ΔT秒という時間内に移動できる「距離d」を計算してみましょう。

仮想粒子は光速に近い速度で移動すると考えられますから、

$$
\begin{aligned}
d &= c \times \Delta T \\
&= 3 \times 10^{8} \times 4.3 \times 10^{-24} \\
&= 1.3 \times 10^{-15} \text{ (m)}
\end{aligned}
$$

ということになります。

この距離は、陽子の大きさ（8×10^{-16}m）と同じくらいです。

この計算が意味しているのは、次のようなことです。

二つ以上の素粒子が、自分の大きさと同じくらいの距離まで近づくと、短い時間ならば、一つの粒子が仮想粒子を放出します。そして、それを別の粒子が吸収したりしながら、おたがいに仮想粒子を交換することができる、ということを意味しています。

いいかえれば、仮想粒子が電気を帯びていれば、となり合った二つの素粒子の間で電気的な力を生じさせます。

たとえば、二つの粒子はあたかもキャッチボールをしているかのように、たがいに引力を及ぼし合うことができる、ということです。

しかも、この力は、仮想粒子が到達できる「距離d」よりも小さい領域でしか作用しない、特殊な力です。
　この力こそが、原子核をまとめる「核力（かくりょく）」なのです。

★ 湯川秀樹博士が唱えたこと

　以上のような粒子交換の理論というものを、世界で初めて唱えたのが、日本の理論物理学者、湯川秀樹博士（1907-1981）です。
　それは1935年に提唱され、その仮想粒子の質量は、電子と陽子の中間にあると考えられたことから「中間子（ちゅうかんし）（メソン）」と、名づけられました。
　湯川博士の提唱から2年後の1937年に、アメリカの物理学者カール・デイヴィッド・アンダーソン（1905-1991）によって、「ミューオン（μ（ミュー）中間子）」が発見されます。
　さらに、1947年にはイギリスの物理学者セシル・フランク・パウエル（1903-1969）によって、湯川博士が予言したとおりの粒子「パイオン（π（パイ）中間子）」が、発見されました。

　つまり、日本の湯川博士は、不幸な世界大戦が起こる直前に、画期的な粒子交換の理論をうち立てていました。
　その後、およそ10年のうちに、アメリカ、イギリスという日本が戦った国々の科学者たちが、その理論が正しいことを証明したのです。
　科学には国境がないということですね。

こうした粒子交換の理論をうち立てた業績によって、湯川博士は、日本人初のノーベル賞（物理学賞）を受賞しました。第二次世界大戦が終結して、4年後の、1949年のことです。

この原子核をまとめる核力については、また午後からもう一度、お話しします。

★〝何もない〟のに〝すべてがある〟不思議なエネルギー

このように原子・分子の世界は、けっして静かなものではなく、めまぐるしく生成・消滅がくり返されている世界なのです。

たとえば、何もない真空の中に、強い光が飛び込んだりする様子を想像してください。

そのとき、ほんの短い時間ですが、いろいろな粒子が生成したり、あるいは、それらの粒子が消滅して光になってしまったりしているんですね。

光のエネルギーが粒子たちを生み出したり、逆にそれらの粒子たちが、再び合体して、もとの光になってしまったりしているのです。

〝何もない〟と思われるところにも、じつは新しい粒子を生み出すことができるような〝何か〟がつまっているようです。

そしてそれが、すべてを生み出す〝もと〟になるようなエネルギーが満ちている世界なのかもしれません。

〝何もない〟ということは、〝すべてがある〟ということのうら返しであり、それを「空（くう）」であると唱える仏教の世界に近いともいえますね。
さて、言葉だけ聞くと少し難しい「不確定性原理」が、じつは私たちの日常の常識を超えた原子・分子の世界に、深く関わっていることを感じていただけましたか？

それでは、これで、午前中の授業はおしまいです。
ゆっくりランチを食べて、再び、午後からお目にかかりましょう。

《ティーブレイク――昼休み時間のおしゃべりタイム》

量子論と人生

午前中の授業で、私たちの目で直接、見ることができない原子・分子の世界は、日常生活と関係のない遠い世界のことではない、ということを感じていただけましたか？

だって、考えてもみてください。

この世の中に存在するすべての物質は、原子・分子の組み合わせでできていて、私たち人間もその例外ではありません。でも、だからといって、すべて、私たちの心の動きや精神活動も、原子・分子の世界のこととして説明できるかというと、そうとも限りません。

それは、私たちの活動は、ミクロの原子・分子がたくさん集まっているマクロな存在が行なうからであり、ミクロの世界をそのまま、マクロの世界に当てはめることはできないからです。

くり返しますが、光のことを波か、粒子かといっているのは、

「光は波であって粒子である」

という意味ではありません。

「あくまでも光は光でしかなく、光以外の何ものでもない」

ということを理解しておく必要があります。

ただ、その光を、一つ、二つと数えられるような装置をつかって見れば、〝粒子のように感じられる〟というだけの話です。

ここでいう粒子という概念は、空間の一部を占有して、砂粒のように、一つ、二つと数えられる存在のことを意味しています。

その一方で、防波堤のすきまをくぐり抜けて、船着場まで押し寄せる波を見て、「あれが波の性質だ」と、私たちは理解しますが、光も、細いすきまを通るような装置で観測すれば、それと同じようなことが起こります。そのような様子を「回折」や「干渉」といいました（p. 50）。

その観測結果から、「光は波だ」と、いっているのですね。

この場合、私たちが「波」という言葉をつかう背景には、

〝海の波のような現象〟

を思い浮かべることが前提になっていることを、おぼえておきましょう。同じように、「粒子」という言葉の背景には、

〝砂粒のようなもの〟

を連想しているということです。

ところで、私たちは、体にそなわっている五つの感覚器官、すなわち、視覚、聴覚、味覚、嗅覚、触覚をとおして、外の世界とふれ合っています。

そして、それらの感覚器官をとおして体内に取り込まれるすべての情報は脳に送られ、そこで処理されて、感覚になります。

ということは、私たちが感じている世界とは、脳の中に描き出された絵画のようなものです。ですから、極端にいえば、「誰にでも共通な客観的実在はない」ということになります。

私もみなさんも、道路で同じ赤信号を見て止まります。
だからといって、私の見ている赤信号と、みなさんが見ている赤信号の見え方が、同じであるとは限りませんし、同じかどうかを確かめる方法もありません。
私たちは、「赤」というお手本を見せられ、それが「点灯したら止まりましょう」という社会のルールの中で行動しているのです。みなさん独自の「赤色」を見て、止まっているというわけですね。

いいかえれば、この世の中には実在としての客観性はなく、あるのは、自然や環境、あるいは事物とあなたとの間にある〝関係性〟だけだということです。そういう意味からすれば、私たちは、宇宙という広大無辺なネットワーク、〝網の目の中に織り込まれた宇宙の一部としての存在だ〟、といってもいいのかもしれません。

ここで、「宇宙」を「自然」におきかえて考えてみると、私たちは、自然の一部だといっても、さしつかえないでしょう。
「自然」という言葉の「自」と、「分身」という言葉の「分」を組み合わせると、「自分」という言葉になってしまうというのも面白いですね。
また、キリスト教などに代表される一神教には、絶対的な神の存在が仮定されています。
これは、それらの宗教が生まれた土地柄（とちがら）を反映しているようです。乾いた砂漠で見上げる星の輝きには、私たち人間の世界とは完全に別の、天上の世界というイメージがあります。そこから、神々が住む世界を想像したのでしょう。

それに対して、日本の気象条件はおだやかで、私たちをきらきらと見守るかのような星のイメージがあります。星の見え方一つをとっても、心の中で見たいように見ていることがわかりますね。

とりわけ、仏教では、絶対神の存在を考えることはせずに、あくまでも自分と向き合いなさい、と教えます。そして、自分の中にある宇宙の原理といっしょになりなさい、といいます。すでにお話しした「梵我一如」という考え方です（p. 25参照）。

もちろん、科学と宗教は、まったく別のものです。

それを忘れないことは、とても重要です。世間の多くのエセ科学は、宗教の枠組みを利用しているところがありますから。

でも、感覚的には、量子論にもとづく世界観は、どこかしら仏教の世界観に似ているのも、確かです。

これまでお話ししてきたように、量子論という学問が解き明かしてきた世界観をとおして、これから、どのように生きていったらいいのか、生きていくべきかという、みなさん独自の人生の物語をつくるきっかけにできないとも限りません。

なぜなら、私たちの脳のはたらきの根底には、原子・分子が関わっており、私たちの存在自体も、宇宙の根本原理の中にあるのですから。

午前中、いっしょけんめい授業を聞いてきたみなさん、おつかれさまでした。

5時間目の授業

「あたりまえ」が
「あたりまえでなくなる」とき

★「不確定性原理」がなければ宇宙は存在しなかった

みなさん、ランチはいかがでしたか？
それでは、午後の授業、5時間目をはじめましょう。

まず、眠気ざましに、日常の話題から。
たとえば、テレビなどのインタビューでいきなりカメラを向けられると、顔がこわばってしまったりします。
そうでなくても、カメラのシャッターを押すときに、わざわざ「チーズ」といって笑顔を要求するのも、カメラを向けることで相手の状況を変えてしまうので、「リラックスしてください」ということなんですよね。

ですから、
「観測すること、相手と関わることが、観測される相手のことを変えるなんて、ごくごくあたりまえのこと。
だから、相手が電子だって光だって、その性質や状態を知ろうとすれば、相手の状態を変えてしまうなんてあたりまえだ」
と、ふと思いたくなります。

そして、
「つまり、〝不確定性原理〟とかいっても、それは位置と運動量（速度）が同時に決められない原子の世界だけの話でしょう！」と、いってみたくなるかもしれません。

でもね……、ちょっと待ってくださいね。
「〝不確定性原理〟がなければ、この宇宙は生まれることができなかった」といったらどうでしょう？
日常の感覚からいえば、驚き以外の何ものでもありません。

しかし、この宇宙が、今のようなかたちで存在しているのは、まさしく、「不確定性原理」がそれを保証しているからだ、といってもいいのです。
前にもいいましたが、量子論、量子力学といえば、物理学の中でも、相対性理論と並んで、難解な数学の計算に支えられた分野で、だからこそ、理工系の学生たちにも敬遠されてきました。
しかし、量子論の中心的な主張は、ほとんど、この「不確定性原理」にある、といってもまちがいではなく、またその基本的な考え方自体は、ここまでお話ししてきたとおりなのですから、そんなに難しいものではありません。

では、これまでのことをおさらいしながら、まるで魔法のような「不確定性原理」について、もう少し、お話をつづけましょう。まず、
「ある物体の状態を知るために必要なものは何か？」
というお話から始めましたね。
それは、「位置と運動量という二つの情報」ですが、それらを同時に正確に知ることはできない、というのが「不確定性原理」の主張でした。

この原理から、光の二重性、つまり、
「光は波なのか、それとも粒子なのか」
という問題の答えが、明確に導かれてきました。

それは、「光はあくまで光なのだ」としかいいようがなく、光を観測するときの光の状態や観測の方法によって、粒子のように見えたり、波のように見えたり、姿を変えるということでした。

つまり、強い光か、弱い光か、あるいは、観測する人が、一つ、二つ、と光を数えるような装置をつかうのか、それとも、防波堤の間をくぐり抜ける波の重なりを見るような装置（たとえば「干渉」や「回折」のような現象を観測するような装置）をつかうのか、によって姿を変えるということです。

見かけ上、粒子のようにも、波のようにも姿を変えるにすぎない、ということなのです。
まさに、これまで何度かお話ししてきた、古代ギリシャの哲学者プラトンが語っていた「イデア」そのものとしての〝光の本性〟に、近づいたような気がしませんか？

そういった意味で、この「不確定性原理」こそが、宇宙の根源としての「イデア（真理）」に通じる、一つの入り口のようなものだといっても、いいすぎではありません。

★「ふしぎ」と思うこと

みなさんもご存知のように、すべて万物は「原子」からできています。「アトム」ですね。

これはもともとギリシャ語ですが、英語流に書けば、“atom”で、そもそも“tom”は「分ける」という意味です。“a”はその否定ですから、“atom”とは「これ以上分けられないもの」という意味になります。

ところが、近代から現代にかけての科学技術の進歩によって、かつてもっとも小さいと思われたその原子にも、構造があることがわかりました。

原子の中心には重い原子核があって、その周りを電子がとりかこみ、原子核は陽子と中性子の集合体で、さらに、それらは「クオーク」と呼ばれる基本粒子からできていて……というように、こまかいところまでわかってきました。

実は、これらの、よりこまかい構造をつくり出すために欠かせないのが、「不確定性原理」なのです。

たとえば、コップに入れた水の中に、色のついたシロップを一滴（いってき）たらしてみましょう。シロップが水とまざっていくことから、私たちは、水もシロップも小さい粒々からできているらしい、と推測することができます。

さらに、大きなもの、たとえばいくつかの色のちがうテニスボールをかごに入れてまぜるよりも、色のちがうひなあられを容器に入れてまぜたほうが、まざりやすいでしょう。

こうした日常の経験からも、水やシロップが小さい粒々からできているらしいことが推測されますね。

しかも、ひなあられを均等にまぜ合わせるには、ふたのついた容器ごと激しく振ったほうがまざりやすいことから、水やシロップの小さな粒々も、激しく動いている方がまざりやすいのではないかと、さらに想像を深めることができます。

「そんなのあたりまえだ」

というまえに、粒々の大きさを小さく小さくして考えてみてください。

その小さな粒々の激しい動きが、つまり原子・分子の運動なのです。これを、「原子・分子の熱運動」といいます。

私たちは実際に、原子の一粒一粒を手にとって見ることはできません。しかし、このように日常の経験の中で目に映るものごとをとおして、

「なぜ、なぜ？」

と、問いかけ続けることができます。

それによって、目には見えないものであっても、ものごとの本質に迫ることができるのです。

このことを可能にしているのが、人間だけに許された能力、「考える」力です。

4時間目にお話しした湯川秀樹博士についで、日本人二人目のノーベル物理学賞を受賞したのは、朝永振一郎（ともながしんいちろう）博士（1906-1979）でした。

その朝永博士が、ある教育現場からの要請を断りきれず唯一書いた、という色紙が残されています。

ふしぎだと思うこと
これが科学の芽（め）です
よく観察してたしかめ
そして考えること
これが科学の茎（くき）です
そうして最後になぞがとける
これが科学の花です

いかがでしょうか。

また、大正から昭和の初期を生きた日本の天才童謡詩人に、金子みすゞ（1903-1930）がいます。

みすゞは、「ふしぎ」というタイトルの詩で、次のように書いています。

わたしはふしぎでたまらない、
黒い雲からふる雨が、
銀にひかっていることが。

わたしはふしぎでたまらない、
青いくわの葉たべている、
かいこが白くなることが。

わたしはふしぎでたまらない、
たれもいじらぬ夕顔が、
ひとりでぱらりと開くのが。

わたしはふしぎでたまらない、
たれにきいてもわらってて、
あたりまえだ、ということが。

（『わたしと小鳥とすずと』、JULA出版局より）

この最後の一行がすごいですね。

朝永博士の色紙とともに、学んでいる者にとって、座右の銘にしたい言葉です。

「あたりまえ」を「あたりまえ」だとしてかたづけてしまわないことが、学ぶということの第一歩でしょう。

「わかる」とは、「わ」と「か」を入れかえて、「かわる」ということなのです。

★「放射線」とは何か

さて、話題を物理学にもどしましょう。

2時間目にも少しお話ししましたが（p. 72 参照）、目には直接見えない原子の構造を調べるのに、有名なラザフォードの実験があります。

薄い金属の箔に、アルファ粒子と呼ばれる粒子を衝突させる実験をしたところ、ほとんどの粒子は通り抜けるのに、時おり激しく跳ね返されることがわかった、という実験です。

このことから、原子の中心にはとても重い中心部があり、それを「原子核」と名づけることになったとお話ししました。

その後、原子核は、陽子（プロトン）と呼ばれるプラス電気を帯びた粒子と、電気をもたない中性子（ニュートロン）と呼ばれる粒子の複合体であること、また、原子核の周りはマイナス電気を帯びた電子が取り囲んでいる、という原子の構造が明らかになってきました。

この原子核がこわれないでしっかりまとまっているのは、「核力」という力が働いているからだということも、午前中の4時間目にお話ししました。

核力とは、エネルギーと時間との間の、まさに「不確定性原理」のもたらした結果でした。それは、原子核をつくっている粒子、すなわち陽子や中性子たちの間に、仮想的な粒子のキャッチボールが行なわれている、というお話でした。

考えてみれば、プラス電気を帯びた陽子同士は反発するわけですし、電気をもたない中性子が結びついているのも不思議な話です。しかし、ごく短い間の時間ならば、これらの粒子のエネルギーがゆらいで、別の粒子を放出したり吸収したりして、結びつくことができるのです。

具体的には、短い時間の間に、ある陽子がプラス電気を帯びた新しい粒子を生み出して放出し、中性子に変身します。

そして、プラス電気を帯びた新しい粒子を、となりの中性子が吸い取って、こんどはプラス電気を帯びた新しい陽子に姿を変えるのです。この放出される粒子は「π中間子（パイオン）」と呼ばれています。

このようにして、プラス電気をもった陽子と、電気をもたない中性子は、「不確定性原理」に支えられて（と考えることで）、ごく短い時間の間だけπ中間子を生み出して放出したり、それを吸収したり、交換することによって、たがいに姿を変えながら、かたく結合しているのです。

ところが、このようにして、かたく結びついている原子核も、自然にこわれることがあります。

たとえば、葉っぱの先にたまった水滴が、ブルブルふるえながら落ちる光景を見たことがありませんか。

同じように、原子核の中でも短い時間に限れば、エネルギーがゆらいでこわれることがあるのです。このこわれた破片のかたまりが、「放射線」として観測される粒子です。

放射線にも、「不確定性原理」が関わっているのですね。

くり返しますが、原子核の中の陽子や中性子のかたまりが、短時間だけエネルギーを獲得して、原子核をまとめる強い「核力」をふりきって、新しい粒子として外に出てくるという現象が、放射線なのです。

放射線を外に出す力、「放射能」というものも、この宇宙のからくりの中に、もともとふくまれていたということです。

しかし、自然界に放射能があることが、もともとの宇宙のからくりとはいっても、かってに手を加えたのは人間です。

その結果、それを兵器にまで応用し、巨大な危険を生み出してしまったのが、現代の悲劇だといえるでしょう。心しなければならないことです。

★「エネルギー保存則」の意味

ここで一つ、付け加えておきたい話があります。

それは、このエネルギーと時間に関する「不確定性原理」は、物理学の大原則である「エネルギー保存則」を短い間だけは破ることができるという、常識では考えられないことを保証しているということです。

まず、「エネルギー保存則」とはなんでしょうか。

それはごく簡単にいえば、

「一般的にエネルギーは、一つのかたちから別のかたちに姿を変えることができるが、かたちは変わっても、その全体の量は増えもせず、減りもせず一定で、保存されて変わらない」

という原理です。

ニュートンによって確立された、古典的な物理学のもっとも大事な法則です。

たとえば、重い物体を地上からもち上げて、落下させる場合を考えてみましょう。

もち上げる過程でなされた仕事は、「位置エネルギー」(「ポテンシャル・エネルギー」といいます)というものに姿を変えます。これは、物体の位置が高くなったことによって、物体の中に、目には見えないかたちで蓄えられるエネルギーです。

その位置エネルギーは、物体を再び落下させることによって解放されます。すなわち、その高さから物体が落下するときに、時間とともに落下速度を上げながら、位置エネルギーは運動エネルギーに姿を変えていきます。

つまり、高さが低くなって位置エネルギーが減った分、落下速度が大きくなって、運動エネルギーがふえるわけですね。

そして、地上に落ちた瞬間、位置エネルギーはゼロになります。このとき、運動エネルギーは最大になります。

最大になった運動エネルギーは、熱になったり、音になったり、地面に穴を開けたりすることで、周囲に飛び散ってしまいます。しかし、その間、すべてのエネルギーをたし合わせた大きさは、もとの大きさから増えもしなければ、減ることもせず、一定なのです。

このことをいっているのが、「エネルギー保存則」です。

余談ですが、有名な「般若心経(はんにゃしんぎょう)」の中に出てくる、

「不生不滅(ふしょうふめつ)、不垢不浄(ふくふじょう)、不増不減(ふぞうふげん)……」

(「生じることも滅びることもなく、きたなくもきれいでもなく、増えることも減ることもない……」)

という一節が、思い起こされます。

★「大原則」でも破っていい条件とは

さて、4時間目に出てきた【式4】を思い出してください。

$$\Delta E \times \Delta T \sim h \qquad 【式4】$$

これが、「エネルギーE」と「時間T」についての不確定さを表わす「不確定性原理」でしたね。

言葉を補えば、「ΔE」(デルタ・イー)は、「光全体のエネルギーのばらつき」で、「ΔT」は、「時間の不確定さ」でした。

「h」は、「プランク定数」です。また、「＝」のかわりにつかう「〜」（ニアリー・イコール）は、すでにお話ししたように、「おおよそ等しい」という意味でしたね。

そこで、「不確定性原理」が、物理学の大原則である「エネルギー保存則」を短い間だけは破ることができるという意味は、エネルギー保存則を「ΔTの時間だけ破ることができる」ということです。

たとえていえば、10円玉がある短い時間「ΔT」内であれば100円玉になったり、もっと短い時間であれば、500円玉にも変身する、というような現象です。

もちろん、その時間が過ぎれば、何ごともなかったかのように、もとの10円玉にもどってしまいます。

もういちど、【式4】をじっくりながめてください。

$$\Delta E \times \Delta T \sim h \qquad 【式4】$$

この【式4】を、ΔTについて解くと次の式になります。

$$\Delta T \sim \frac{h}{\Delta E} \qquad 【式5】$$

この【式5】の意味は、「時間ΔT」内であれば、式の右辺を満たすような「エネルギーΔE」を生み出すことが可能である、ということです。

左辺のΔTが小さくなればなるほど、右辺の分母であるΔEの大きさは大きくなります。

つまり、短い時間であればあるほど、一時的に大きなエネルギーを生み出すことができるというものです。もちろん、そのエネルギーを返すのも、ΔTの時間内でなければなりません。「エネルギー・クレジット（信用貸し）」ですね。

さきほどお話ししたように、エネルギーについては「エネルギー保存則」という、ニュートンによって確立された、これまでの物理学でもっとも基本中の基本の大原則がありました。

ところが、20世紀の物理学は、「不確定性原理」を発見して以来、「エネルギー保存則」をΔTの間ならば破ってもいい、ということを確信したのです。それが、

$$\Delta T \sim \frac{h}{\Delta E} \qquad \text{【式5】}$$

の意味です。

じつはこの、「エネルギーを、短い時間の間ならば、どこからか借りてくることができる」という考えかたは、物理学にとって革命的な変化をもたらすことになりました。

なぜならそれは、物質の重さに相当する質量、ひらたくいえば、ある物質を突如（とつじょ）、さりげなく生み出すことができる、ということを意味するからです。

そこで活躍するのが、アインシュタインの、あの有名な式「$E=mc^2$」です。

これは4時間目にもお話ししたことですが、借りてくるエネルギーを「ΔE」だとすれば、「c^2」は定数で変わりません。

そのことによって、変化するのは質量「m」です。そこで、それを「Δm」と書けば、このアインシュタインの式は、以下のように書き表わせます。

$$\Delta E=\Delta mc^2$$

これを質量「Δm」について解くと、次のようになります。

$$\Delta m=\frac{\Delta E}{c^2}$$

よろしいですか。

この式の意味は、「借りてくるエネルギーΔEで、それだけの重さ（正確には「質量」ですが）をもつ物質を生み出せる」ということなのです。

じつは、この「借りてくるエネルギー」がなぜ存在するのかということについては、残念ながらまったくわかっていません。
しかし、このエネルギーの〝ゆらゆら〟が、ごく短い時間内に限ればいつも起こっている、ということを保証するのが「不確定性原理」です。
そしてこの〝ゆらゆら〟こそが、何もないところからの宇宙創生の原因だと考えられているのです。

4時間目にもお話しした真空の中での粒子たちの生成消滅も、この〝ゆらゆら〟です。
これを物理学の言葉では「ゆらぎ」といいます。この「ゆらぎ」については、6時間目にあらためてお話ししましょう。

★「量子」は「エネルギーの最小単位のかたまり」

さて、話を原子にもどします。
原子から出てくる光についての研究から、原子の中では不連続なエネルギーをもっている電子がまわっていて、一つの軌道から別の軌道に移るときに、そのエネルギーの差に相当する光が出ていると考えるとつごうがいい、という実験結果が得られています。

たとえば炎の中に、食塩に浸した針金を入れると、美しい橙色(だいだいいろ)に輝きますが、これは、食塩の成分であるナトリウム原子が発光する特有の光です。これを「炎色(えんしょく)反応」といいます。

また、銅線をこまかく粉状にして、炎の中に入れると、緑色に輝きます。そう、夏の風物詩、花火が描き出す美しい色とりどりの光も、花火の発光剤になっている物質の中にある原子から出てくる光です。

それらはすべて、原子核の周りにある電子が、決まったエネルギーをもっている、ということから生まれてくる光です。

つまり、こういうことです。

原子という限られた大きさの中に閉じ込められている電子は、自分で好きなエネルギーをもつことができなくて、とびとびのエネルギーしかもてないということです。

2時間目にお話ししたこと、おぼえていますか？

もし、電子が波の性質をもっているならば、原子核の周りを一まわりしたとき、もとの波の形が重なるような波長をもつことが要求されます（p. 74参照）。

すなわち、その電子がもっている波長（の整数倍）が、一まわりする電子の軌道の長さになるような運動しか、許されないということです。

くわしくお話しすると、こういうことになります。

たとえば、《3》というエネルギーのすぐ上のエネルギーが、《5》だとしましょう。

《3》というエネルギーをもっている電子が、外からの刺激を受けると《5》の準位に上がります（ここで「準位」とはエネルギーの状態を示す言葉です。「順位」のまちがいではありません）。

しかし、高いエネルギー状態は不安定なので、再び《3》にもどろうとします。すると、その差にあたる「5－3＝2」のエネルギーが、光として放出されるのです。

ここで、光のエネルギーと振動数の関係を、思い出してください。「振動数ν」をもつ光の「エネルギーE」は、

$$E = h\nu$$

となります。この式から、

$$\nu = \frac{E}{h}$$

という関係が出てきます。

そこで、さきほどの例で《3》というエネルギー準位と、《5》というエネルギー準位の差が「ΔE」であるとすれば、

$$\nu = \frac{\Delta E}{h}$$

に相当する光が、放出されるというわけです。

たとえば、走っている自動車が急ブレーキをかけるときを、想像してください。自動車の速度が大きければ大きいほど、自動車の運動エネルギーの変化も大きくなります。つまり、それだけ大きなブレーキ音が出るでしょう。

放出される光のエネルギーの変化も、これと同じことです。

原子から出てくる光（これを「原子スペクトル」といいます）を、プリズムで分けて、それぞれの振動数を調べると、原子の中では、電子は連続したエネルギーをもつことができなくて、とびとびのエネルギーしかとれない、ということがわかります。

このように、とびとびの値（あたい）しかとれないことを「量子化されている」などと表現します。「量子」というのは、「エネルギーの最小単位のかたまり」を意味する言葉なのです。

★ ピアノの鍵盤のふしぎ

原子の中では、電子はとびとびのエネルギーしかもつことができないことを、別の例で考えてみましょう。

今、あなたの目の前に、ピアノがあったとしましょう。

ピアノのふたを開いて、鍵盤（けんばん）をよく見てください。

中心よりも少し左より（低音側です）のc^1音、すなわち、ハ長調の「ド」の音の鍵盤を、そっと押したままの状態で保ちましょう。音は出さなくてけっこうです。

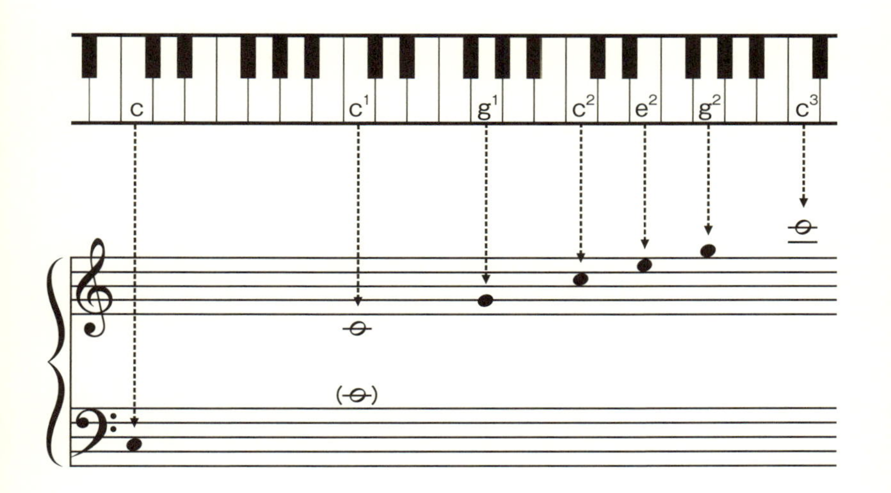

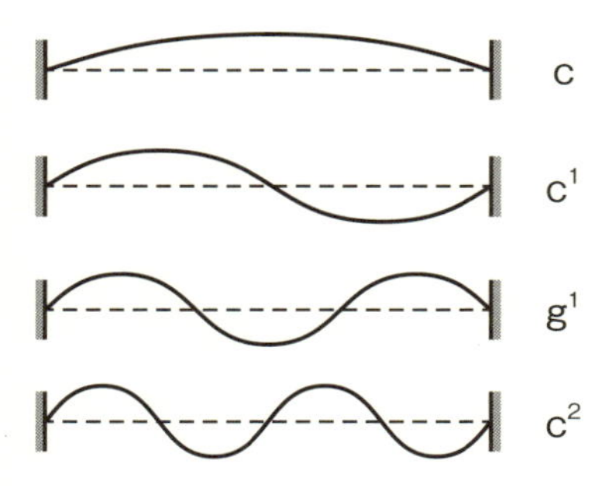

上のピアノの鍵盤に示した音名と、弦の振動を模式的に対応させると、左のようになる。これらを「倍音」といい、それぞれが、他の音をふくんでいる。また、両端が固定された同じ弦の上では、波は、とびとびの値の振動数しか許されない。

そうしておいて、その音の1オクターブ下のc音（ド）を短く強くたたきます。

一瞬、たたかれたc音が強くなりますが、cの鍵盤から手を放しても、最初にそっと押したままのc^1音がかすかに鳴っているのが聴こえるでしょう。

同じように、g^1（c^1から5度上のハ長調の「ソ」)、
c^2（c^1から1オクターブ上のハ長調の「ド」)、
e^2（c^2から長三度上のハ長調の「ミ」)、
をそっと押さえたまま、c音を強くたたいてすぐ手を離しても、かすかに、そっと押さえたままの音が聞こえてくるのがわかります。

ところが、e^1フラット（♭ミ）や、h^1（シ）の音をそっと押さえたままc音をたたいても、たたいた瞬間、そのc音が鳴るだけで、e^1フラットやh^1などの音は聞こえてきません。

これは、最初に強くたたいたc音の弦が、c^1、g^1、e^2などの音をふくんでいて、c音の弦でありながら、他の音を同時に奏(かな)でているということを意味しています。

これは、どういうことでしょうか。

じつは、両端を固定された弦の上だからこそ許される振動数が、「倍音(ばいおん)」という規則性にしたがう振動数をふくんでいるということなのです。

そして、その規則からはずれる音をしずかに押さえていても、

その音に相当する弦は反応せず、音を出すことはしません。

つまり、原子の中にしっかりと閉じ込められている電子は、このピアノの実験と同じように、ちょうど〝両端を固定された弦のようなもの〟なのです。

それゆえに、その弦の中では、許される波長の振動しか起こらず、それが、とびとびの値になるのです。

ピアノの鍵盤と原子の中の電子のエネルギー状態が似ているなんて、なんか、すてきな感じがしませんか。

「原子は音楽を奏でている！」といってみたいような……。

★ 原子はなぜこわれないのか

ところで、原子の中の電子は、どうして、外に飛び出すでもなく、中心に落ち込むでもなく、安定して原子の中に留まっていられるのでしょうか。

いいかえれば、マイナス電気を帯びている電子は、プラス電気を帯びている（原子の中心にある）原子核に引き寄せられるはずですが、なぜ、中心に落ち込まないのでしょうか。

つまり、原子がつぶれないのは、なぜでしょうか。
ここにも「不確定性原理」が、関わっています。

まず、原子核を中心とした原子の中に電子が閉じ込められているということは、電子の位置が、原子の大きさという範囲に限られているということです。
ここで、「不確定性原理」について最初にお話しした3時間目の授業を、思い出してください。
位置の不確定さを「Δx」（デルタ・エックス）、運動量pの不確定さを「Δp」としたとき、不確定性原理を、あらためて書けば、次のようになりましたね。「h」はプランク定数です。

$$\Delta x \times \Delta p \sim h$$

いま、「電子の位置が、原子の大きさという範囲に限られている」とお話ししましたが、この式でいえば、「Δx」に相当するのが原子の大きさだ、と考えましょう。

左の式において、「Δx」に相当するのが原子の大きさなのですから、それに相当する運動量の不確定性「Δp」があるわけで、この二つの不確定性が釣り合って、原子が安定して存在できることがわかります。

もうすこし説明しましょう。

もし、原子がつぶれようとしたとします。

すると、原子の大きさが小さくなりますね。

「原子の大きさが小さくなる」

ということは、いいかえれば、

「位置の不確定さΔxが小さくなる」

ことです。

ところが、左の式によれば、その「位置の不確定さΔx」と、「運動量の不確定さΔp」をかけたものが「hという一定の数」になる、というのです。

すると、Δxが小さくなれば、Δpは大きくならなければなりません。

ここで、運動量と質量と速度の関係を思い出してください。

運動量pとは、質量mと速度vをかけたものでした。

すなわち、次のような式になります。

$$p=mv$$

この式から、質量mが変わらないならば、運動量の不確定さΔpは、

$$\Delta p=m\Delta v$$

で表わせます。

つまり、「運動量の不確定さΔp」が大きくなるということは、「速度Δv」が大きく変わることを意味します。

したがって、電子の運動が激しくなって、たとえば、遠心力のような力が働いて膨らんでいくわけです。

もう一度、もとの式を見てみましょう。

$$\Delta x\times\Delta p\sim h$$

もし、膨らみすぎるくらい電子の「運動量の不確定さΔp」が大きくなると、今度は「位置の不確定さΔx」が小さくならなければなりません。

いいかえれば、電子は原子の中心の方に引き寄せられることになり、原子の大きさは再び小さくなります。

このように、「不確定性原理」は、原子の大きさを保つ法則を示しているのです。つぶれようとする原子を、つぶれないように支えているのが「不確定性原理」だということですね。

5時間目の授業は、ここまでです。
「不確定性原理」ってなんだか、すごいと思いませんか。
こまかい計算などはともかくとして、宇宙全体が、「ぼんやりした性質」でできているなんて、とても不思議です。〝トワイライトな宇宙〟ですね。
そんなことを感じていただければ、それで十分です。

《ティーブレイク——休み時間のおしゃべりタイム》
リベラル・アーツとしての量子論

私たちが豊かな社会生活を送るには四つの「識」が必要だといわれています。

それは「常識」、「見識」、「良識」、そして「学識」です。

「常識」は、社会をつくっている人々が、暗黙のうちに理解していなければならないことがらであり、「見識」は、ものごとをきちんと判断する力、「良識」は、すべての人たちは、相互に助け合ってしか生きられないことを出発点にして、相互理解を深めていくための知識のようなものです。そして「学識」は、学問を学ぶことによって得られる知識です。

じつは、中世のヨーロッパの大学では、よりよい人間として生きるために必要な基本科目を決めていました。具体的には、文法、論理、修辞の3学科（トリヴィウム）と、代数、幾何、音楽、天文の4学科（クァドリヴィウム）です。

これらを、リベラル・アーツ科目といいます。

ここでの3学科は、きちんと読み書きができて、自分の考えを人に伝える能力をつけるためのもので、4学科は、数学、音楽、宇宙を理解することによって、私たちを取り巻く自然への理解を深めるための基礎科目です。

ここで、「代数、幾何、音楽、天文」の四つの学科が重要だと思われていたのは、興味深いことですね。

正しく生きるためには、まず自分の位置づけを知ることが必要で、そのための基本的な出発点として、宇宙を知ることは欠かせないことだったのです。そして、論理的にものごとを考えるために、数学が必要でした。

それに加えて、心を豊かにするには音楽が必要だと考えていたようです。音楽は、言葉の枠組みを超えて、心と心をつなぐ力をもつものとして、いちばん根源的なコミュニケーション手段であると考えられていたのでしょう。

ところで、5時間目に、ピアノの実験をしました。

そこから、音楽の世界には数学があり、原子・分子の性質にも似た世界があることを感じていただけましたか。

音楽と数楽についてのくわしいお話は、この本の目的からはずれるので、専門書に譲らねばなりませんが、たとえば、ド、レ、ミ、ファ……という音階は、両端をしっかりと固定した弦の振動数が、1：2：3：4：……というように単純なとびとびの比率になっていることからできています。5時間目に少しふれたように、これを「倍音」などといっています。

一つだけ、例を挙げてみます。

「ド、ミ、ソ」という音はとても響きがよくて、「主要三和音」として楽曲の中心になっていますね。

この和音をつくる音の振動数は、ハ長調であっても、ト長調であっても、あるいはヘ長調であっても、どのような長音階であってもすべて、それぞれの振動数の比は「4：5：6」です。面白いですね。

しかも、それと同じような規則が、原子核の周りをまわっている電子の振動数がとびとびであることにも表われている、ということには驚きます。

そればかりか、イギリスの数学者で天文学者の、ヨハネス・ケプラー（1571−1630）は、天体の動きがあまりにも数学的で美しいので、その美しさを音楽の音階で表わそうとしました。
くわしいことは省きますが、惑星が描く公転軌道のかたちからヒントを得て、音階にしたのです。これらには、この宇宙をつくったとされる神の栄光を称えるという意味もありました。とても興味深いことです。

さて、量子論です。原子・分子の世界が、音の世界、広くいえば、芸術の世界との共通点をもっていることに注目すると、さらに量子の世界にも、親しみがわいてくるのではないでしょうか。

つまりこの授業は、現代物理学を支える基礎的な、いちばん重要な学問分野である量子論を、リベラル・アーツの一分野としてとらえてみたいという思いからスタートした、ということもお伝えしておきましょう。

6時間目の授業

「量子論」が
明らかにした宇宙のはじまり

★「この式は美しいから正しいはず」

さて、みなさん、いよいよ6時間目です。

ここまで、光の不思議から始めて、量子論を支える中心的な原理である「不確定性原理」までを学びました。

そこで、これまでお話ししてきたおおよその流れを、もう一度まとめながら、「量子論とは、いったい何なのか」について、あらためて考えてみることにしましょう。

私たちは、光にも、海の波に見られるような波特有の性質が見られるという日常体験から、光も波の一種であることに、昔から気づいていました。

しかし、夜空に輝く星が見えることの理由をつきつめていくと、光は粒子の性質をもっていなければならない、という事実に直面したのです。

この、波と粒子の両方の姿を見せる光の不思議を解き明かしたのが、量子論です。

その基本は、波が粒子の性質をもつように、粒子もまた波の性質をもつと考えることが出発点になっていて、その根底をかたちづくる基本が「不確定性原理」だったのです。

さて、量子論の基礎になる方程式は、2時間目にお話しした

「シュレーディンガー方程式」です。

一つの例として、そのときにお話しした、力を受けずに自由に動いている1個の電子のふるまいを記述する方程式を、ここでもう一度、書いてみます。

こまかい内容を理解する必要はありません。

ただ、眺めるだけで結構です。

$$-\frac{\hbar^2}{2m}\cdot\frac{\partial^2\psi}{\partial x^2}=i\hbar\frac{\partial\psi}{\partial t}$$

この式は、古典的な「波」を表わす方程式から出発しています。

「ψ」は、「プサイ」と読み、もともとはギリシャ文字ですが、「波動関数」を表わす式のために用いられていることは、2時間目にお話ししましたね（p. 80 参照）。

さて、「波」といえば、その高さが時間とともに、どのように変化しながら周囲に伝わっていくかがわかれば、それが波の性質のすべてになります。

ただ、このシュレーディンガー方程式で表わされている波の高さ「ψ」は、目に見える波ではありません。

「ψ」が大きいところには電子がいる確率が大きく、「ψ」が小さければ、そこに電子がいる確率は小さくなるという、いわば確率を表わす波であることが特徴です。

もう少しきちんといいましょう。

古典的な波のエネルギーが、波の高さの2乗で表わされることも、2時間目にお話ししたとおりです（p. 66参照）。

それにならって正確にいえば、「ψ」も、その大きさの2乗が、そこに電子が存在する確率を表わします。

ここに、とても興味深い事実があります。

それは、波の伝わり方を表わす、19世紀以前に発見されていた式に、20世紀の半ばに発見された新しい量子論から導かれた二つの関係を入れるだけで、原子・分子のふるまいがきちんと計算できる、新しいシュレーディンガー方程式になるという事実です。

しかし、どうしてそうなるのかは、じつは、はっきりわかっていないというのも事実なのです。

ここで、二つの関係とはなんでしょうか。

すなわち「振動数ν」をもつ波が、「エネルギー$h\nu$」のかたまり（つまり粒）であると考える、

$$E=h\nu$$

という関係が一つ。

もう一つは、「質量m」の粒子が「速度v」で走っているときには「$\frac{h}{mv}$」という「波長Λ（ラムダ）」をもつという関係、

$$\Lambda = \frac{h}{mv}$$

でした。2時間目でお話ししたド・ブロイの関係式ですね。

あえて想像をたくましくすれば、この中に秘密がありそうです。

それにしても、下のシュレーディンガー方程式は、見ているだけでも美しく思えるのですが、みなさん、いかがでしょう？

$$-\frac{\hbar^2}{2\mathrm{m}} \cdot \frac{\partial \psi}{\partial x^2} = i\hbar \frac{\partial \psi}{\partial t}$$

かつて、シュレーディンガーがこの式を見つけたとき、この式がほんとうに正しいのかどうか自信がもてなくて、その論文を机の中にしまいこんでいたのだそうです。

そのとき、恩師が、

「この式のかたちは、実に美しいから正しいはずだ」

といって励ました、といういい伝えが残っています。

そういえば、空気とまっこうから向き合い、相手をねじふせるのではなく、空気と仲良くゆずり合いながら抵抗を減らし、高速で快適に走ることができるスポーツカーのかたちも、エレガントで美しいですね。「真理を表現するものには美しさがある」ということでしょうか。

なんだか、詩人のような表現ですが、正しいことを見分ける美的直観のようなものは、科学の世界であっても、芸術の世界であっても、同じなのかもしれませんね。
「量子論は、物理の詩学だ」
といってみたくもなります。

★「トンネル効果」のふしぎ

ところで、この方程式をつかって、いろいろな場面を計算してみると、とても信じられないようなことが起こりうることがわかってきました。
しかも、そのことによって、今までどうにも説明のつかなかった現象の原因が、はっきりしてきたのです。

その一つが「トンネル効果」と呼ばれる現象です。
これは、原子核の中から粒子がにじみ出るように放出される放射線の起源を、きれいに説明してくれる理論です。
前にお話ししたように、原子核の中では、「不確定性原理」によって保証される時間内であれば、原子核内の陽子と中性子の間で、中間子を放出し、吸収しながら、陽子と中性子は固くむすびついています（中性子と中間子は、別ものです）。

ここで、四方を高いコンクリートの壁でかこまれた箱のような空間を想像してみてください。

陽子や、中性子は、そうしたコンクリートの箱のような空間にテニスボールが入れられているように、原子核内に閉じ込められているとしましょう。

すると、このコンクリートの箱の大きさが、原子核の大きさに相当するわけです。その場合、この壁は、原子核の中に粒子たちを閉じ込める役割を果たしているので、「ポテンシャルの障壁」と呼ばれます。

私たちが暮らしている日常世界の常識から考えれば、この箱から、粒子たちが自分の力だけで自然に外に出ることは、不可能です。

ところが……。

シュレーディンガー方程式を解いて、「波動関数 ψ（プサイ）」の動きを調べてみると、箱に閉じ込められた粒子たちが、周囲の壁をくぐり抜け、箱の外ににじみ出る確率がかなり大きいことがわかり、「トンネル効果」と名づけられました。

この効果によって、液体のかたまりからじわっと、一滴（いってき）のしずくがこぼれるかのように、原子核から放射線のもとになる粒子が飛び出してくることが、わかってきました。

ある金属に強い電気力を働かせると、そこから電子がにじみ出て、電流が流れるというような現象も、説明できるようになりました。電気力で壁が変形して、電子が通り抜けやすくなるのです。

日常生活のイメージ

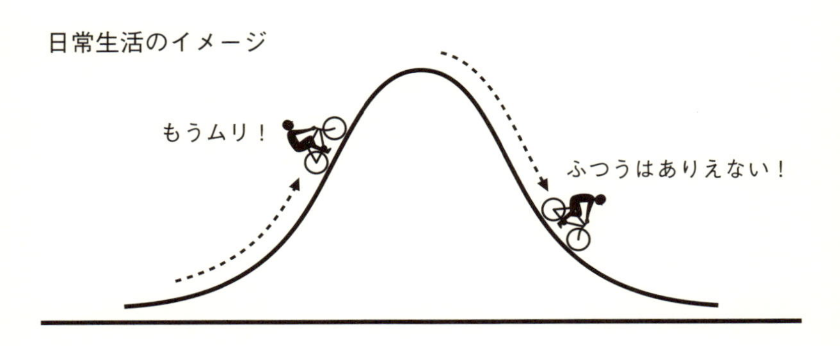

トンネル効果のイメージ

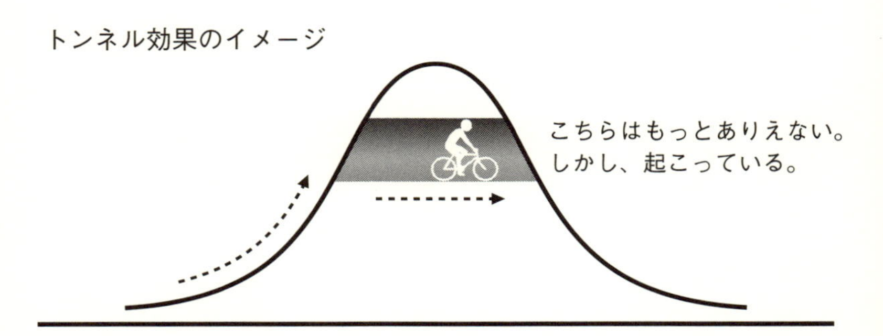

この「トンネル効果」は、たとえば、高さ100mの急斜面を30mまでしか登れない自転車が、トンネルをくぐるように斜面をつき抜けてしまうような状況があることを意味しています。

不思議ですね。でも、確かに起こっているのです。
といっても、私たちの日常生活のレベルで考えれば、コンクリートの壁に向かっていくらテニスボールを打ち込んでも、ボールがその壁をつき抜けることはありません。
それは、テニスボールが原子にくらべてあまりにも大きく、重いからです。

つまり、日常サイズの世界では「不確定性原理」が目立たないのと同じ理由で、「トンネル効果」は起こらないのです。

ところが、現代文明を支える電子機器のほとんどすべてが、目には見えない電子をつかっています。
ですから、私たちのとても身近なところで、なんとも不思議な「トンネル効果」はいつも起こっていますし、「不確定性原理」によって、短い時間の間には粒子が生まれたり消滅したり、めまぐるしいドラマがくりひろげられているのです。

だって、テレビやパソコン、スマートフォンなどにつかわれている半導体部品の中では、すべてこの「トンネル効果」が起こっていて、それぞれの機器を動かしているのですから。
考えてみると、ほんとうに不思議です。
まるで「夢見る量子論」です！

★ 交換し合う電子

このように、「トンネル効果」は、障害物にトンネルが開通したような現象ですが、さらに、二つの電気を通す物質（導体といいます）の間に、電気を通さない絶縁体をサンドウィッチのようにはさみこんでも、電気が通る、という現象の説明も可能にしています。

この現象が半導体の中で起こることを発見したのが、日本の物理学者、江崎玲於奈（れおな）博士（1925－　）でした。

それがのちに、「エサキダイオード」と呼ばれる新しい電子部品の開発につながり、江崎博士）は、1973年にノーベル物理学賞を受賞しました。

また、「シュレーディンガー方程式」を解くことによって、複数個の原子がなぜ結びついて分子をつくるのか、というメカニズムについても、はっきりと計算できるようになりました。

たとえば、水素分子は二つの水素原子が手をつないだものですね。それらが自分に所属している電子と、相手の電子をたがいに交換しながら力を及ぼしあって結合している様子なども、「シュレーディンガー方程式」によってきちんと計算できるようになったのです。

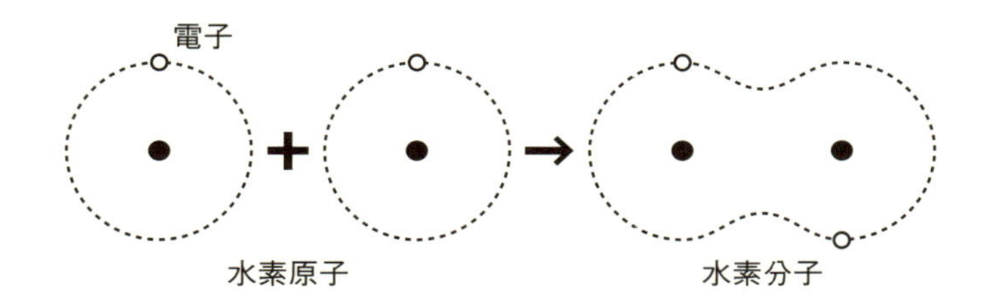

考えてみれば、原子核同士はプラス電気をもっているので、反発するはずです。また、原子核の周りに雲のように広がっている電子同士は、マイナス電気をもっていますから、ここにも反発力が働いているはずです。

つまり、量子論が出てくる以前の物理学では、水素原子同士が結合することの理由が、謎だったのです。

それが、シュレーディンガー方程式が発見されてからは、すべては「電子の波」（正確には、波動関数）の広がりとして、たがいにまざり合い、不思議な引力をつくり出していることが、はっきりと説明できるようになりました。

ここで「まざり合う」という意味は、Ａという電子とＢという電子が別々のものではなく、たがいに入れかわりながらＡになったりＢになったりと姿を変えている、ということです。

ところで、人類の歴史がはじまって以来、もっとも根源的な問いかけとして人々の心の中で熱く燃えつづけてきたのが、宇宙の「はじまり」についての問題でしょう。
「宇宙はどのようにはじまったのか？」という問いです。

この「はじまり」の問題が、とても難しくなるのは、「はじまりの原因はこうだ」といったん説明してみても、それでは、その原因ができたもとの原因は何なのか、そのまたもとの原因は……と疑問がつぎつぎに出てきて、どこまでいってもきりがないからです。

★ 今もある〝宇宙のはじまりの残り火〟

この「はじまり」のどうどうめぐりに、一応の終止符を打ったのが、現代の宇宙論だといえます。
しかも、そこに登場するのが、「不確定性原理」と「トンネル効果」です。

1929年にアメリカの天文学者、エドウィン・ハッブル（1889-1953）が、遠くの銀河を観測していたとき、より遠くにある銀河ほど、より速く遠ざかっていることを発見しました。
これは「ハッブルの法則」と呼ばれています。
ひとことでいえば、
「私たちの宇宙は膨張している」

ということです。
宇宙が膨張している、ということは、時間を逆にたどれば、
「昔、宇宙は小さかった」
ということになります。

その後、ロシア生まれのアメリカの理論物理学者、ジョージ・ガモフ（1904–1968）は、現在の宇宙に存在している元素の量を測定して、「ビッグバン仮説」を提唱しました。
これもごく簡単にいえば、
「昔の宇宙は火の玉のように熱く、そこから、すべての元素が合成されていった」
という考えかたです。
そしてその痕跡（こんせき）が、〝電波の化石〟として宇宙には残っているはずだ、と予言しました。1948年のことです。
それから17年後、アメリカの二人の物理学者、アーノ・ペンジアス（1933–　）とロバート・ウィルソン（1936–　）が、天空のあらゆる方向からやってくる、微弱な電波の存在に気づきました。この電波こそ、ガモフが予言していた、宇宙開闢（かいびゃく）のときの〝残り火〟としての電波雑音だったのです。

爆発するかのようにして生まれた超高温の宇宙。それが膨張することによって、今ではマイナス270℃にまで温度が下がっていることを証拠づける発見、それがペンジアスとウィルソンがとらえた電波雑音だったわけです。1965年のことでした。

つけくわえておけば、宇宙の中で存在しうる理論上の最低温度は、マイナス273℃であることがわかっています。

なぜなら、物体の温度とは、物体を構成している原子・分子の振動のエネルギーと考えられるからです。つまり、マイナス273℃以下になるような振動のエネルギーは、存在しないことが確かめられています。すべての振動が止まってしまえば、温度は存在しないのです。

このマイナス273℃を、あらためて基準の0℃として、これを「絶対温度」といい「K」で表わします。宇宙から聞こえてくる電波雑音の強さを温度に換算すると、マイナス270℃になりますから、273－270＝3なので、絶対温度でいえばマイナス270℃は3Kということになりますね。

そこで、この電波雑音を「3K宇宙背景放射」と呼んでいます。

こうして私たちの宇宙は、今からおよそ138億年の遠い昔に、限りなく熱く小さい火の玉としてはじまった、ということがわかりました（宇宙の年齢は、観測精度の向上により日々修正されており、現在は138億年であると考えられています）。

★ はじまりには〝ゆらぎ〟があった

その後、アメリカ航空宇宙局（NASA）が、1989年と2003年に打ち上げた探査衛星などの測定によって、「3K宇宙背景放射」の強さには、〝さざなみ〟のような小さな〝ゆらぎ〟があることが発見されました。

この〝ゆらぎ〟こそが、宇宙を発生させる原因となった、微小なきっかけの痕跡であることがわかりました。

ここで登場するのが、量子論の「不確定性原理」です。

これまで何回か見てきた、あの式をもう一度、見てください。

$$\Delta x \times \Delta p \sim h$$

「Δx」（デルタ・エックス）は位置xの不確定さ、「Δp」は運動量pの不確定さ、「h」はプランク定数でした。「〜」は「おおよそ」を表わす記号でしたね。

つまり、「不確定性原理」によると、何かが「まったく動かない」ということは、その位置がぴったり決まっていて、位置の不確定さΔxの値が0ということです。

Δxの値が0であるとなると、運動量の不確定さΔpは無限に大きくなってしまい、動きが無限大だということになってしまいます。

そうすると、〝現実に目に見える存在がある〟ということは、この「不確定性原理」によれば、

〝いつもかすかにゆらいでいなければならない〟

ことになります。

つまり、現実に存在しているこの世界のすべては、それがとてもわずかなものであっても、めまぐるしく動いているからこそ存在しているのであり、どれ一つとして変化していないものはないということです。

古代ギリシャ時代から、ずっといわれてきている「万物流転」の世界ですね。

あるいは、鴨長明（1155-1216）の有名な『方丈記』の一節を、思い出します。

「ゆく河の流れは絶えずして、しかももとの水にあらず。よどみに浮ぶうたかたは、かつ消え、かつ結びて、久しくとどまりたるためしなし」

（『方丈記』／小学館『新編日本古典文学全集』より）

★「不確定性原理」が明らかにした宇宙の誕生

アメリカ航空宇宙局（NASA）が打ち上げた探査衛星などが明らかにした、さざなみのような〝ゆらぎ〟についてのお話の続きです。

このような〝ゆらぎ〟こそが、「無」としかいいようのないところから、宇宙の誕生をもたらした原因である、と考えられています。

ここで、物理学でいう「無」について、少し説明しておきましょう。

ひとことでいってしまえば、

「《無》とは、空間・時間・物質・エネルギーの四つすべてが、定義できない状況のこと」

です。じつは、この四つの性質は、アインシュタインの相対性理論の視点からいえば、一つの状態の四つの側面です。

たとえば、「あなたの家はどのへんですか？」と聞かれれば、「駅から歩いて10分のところです」と答えたりするでしょう。

つまり、空間的距離を、時間の尺度（しゃくど）によって表現できるということです。

いいかえれば、空間と時間は、それらをまとめた「時空」と呼ばれる超空間の両側面だと考えるのです。

一方、物質とエネルギーの同等性については、有名な式、

$$E = mc^2$$

が示しています（Eはエネルギー、mは質量、cは光の速さ）。

そして、物質やエネルギーは空間のゆがみ、ひずみによって生じることを、アインシュタインは「特殊相対性理論」で示していますから、結局、空間・時間・物質・エネルギーの四つは、一つの存在の、ちがった一面だということになります。

たとえば、バネを縮めるという空間的な変化がバネの反発力を生み出すように、空間のゆがみが、エネルギーをつくるわけです。

そのエネルギーが物質として目に見えるようになるのが、

$$E = mc^2$$

という式の意味でした。

そういった意味では、宇宙のほんとうのはじまりとは「無」であったとしか、いいようがないのです。

「無」とは「まったく何もない」、したがって「動きのない」世界なのですから、当然、私たちの認識の及ばない世界です。世界が存在するものとして意味をもつのは、まさに「ゆらぐ」からであり、すなわち「不確定性原理」こそが、宇宙を成り立たせるもっとも根源的な宇宙の原理であるといえるのです。

つまりこういうことです。
たとえば、厚みが一定で、きれいに磨かれたガラス窓を通して見える外の景色は、いかにもじかに見ている景色のようで、ガラスの存在は気になりません。
しかし、そのガラスの厚みが不均一だと、外の景色はゆがんで見えますから、そこにガラスがあることがわかります。
ガラスというものの存在が、この世界にはじめて浮かび上がってくる瞬間です。
〝ゆらぐこと〟が、私たちの〝目に見えるような実在〟を生み出す、といってもいいでしょうね。

最初に誕生したばかりの宇宙が小さかったということは、その中に、すさまじいエネルギーがつめこまれていたということであり、だからこそ、そこから爆発するように宇宙が生まれた、と考えられるのです。

それは、一本の棒をうまくバランスをとって立てたときの感じに似ています。それが重い棒であれば、その中にはすごいエネルギーが閉じ込められているでしょう。いきなり倒れてきたら大変なことになりますね。
そこで、その棒が、ほんの少しどちらかにゆらいで、かたむいたとしましょう。最初はゆっくりですが、あっという間に速度を上げて倒れるでしょう。
これが、ビッグバンによる宇宙誕生のイメージです。

くり返しになりますが、そのきっかけになったのが、「不確定性原理」による「小さな〝ゆらぎ〟」だったと考えられています。

そこで、もしもその〝ゆらぎ〟がなかったらという世界が、かりにあったとしても、それは〝のっぺらぼう〟の世界であって、私たちには認識できないでしょう。

つまり、存在の明るみには出てこられない世界です。

★〝ゆらぎ〟はなぜ生じたのか

それでは、〝ゆらぎ〟はなぜ、生じたのでしょうか。

この問題は、哲学と数学にまたがる世界での話になりますから、この本の領域を超えてしまいます。しかし、ざっと、つぎのようにいえるでしょう。

まず、

1）〝ゆらぎ〟のない世界は認識できない。

と同時に、

2）「不確定性原理」（$\Delta x \times \Delta p \sim h$）によって、物質の「位置がはっきりと確定している」、つまり〝ゆらぎ〟がない世界というのは$\Delta x = 0$になり、「運動量Δp」が無限大の世界ですから、すべてはすっ飛んでしまって存在できない。

しかも、

3）現実に存在しているこの宇宙は、すべて〝ゆらぎ〟に支えられて存在している。

したがって、

4）宇宙がなぜ〝ゆらぎ〟によってはじまったのか、という問いの根底には、すでに〝ゆらぎ〟があったということが仮定されているので、どうどうめぐりになってしまう。

つまり、宇宙の「はじまり」とは、まったく均一だった状態に、小さな変化、いいかえれば〝ゆらぎ〟が生まれた瞬間だ、と考えるしかないのです。

それでも、もしその〝ゆらぎ〟が「はじまる前」が、かりにあったとしたら、それはどういう状態だったのでしょうか。

じつは、宇宙がはじまる前の「無」とは、さきほどお話ししたように時間のない世界なのですから、「はじまる前」の世界は、論理的には存在しません。

しかし、強引に、そんな世界があったとすれば、それは、これからはじまろうとする宇宙を引きとめていた高い山のような障壁だった、としかいいようがないのです。

その障壁のトンネルを、どこからか「不確定性原理」に支えられた〝ゆらぎ〟が、さきほどお話しした「トンネル効果」によってくぐり抜けてきた、と考えるしかありません。

この「どこからか」が、どこなのかは、わかりません。

現代の宇宙論でわかっているのは、ここまでです。

この状況を、さきほど原子核のところでお話しした、「ポテンシャルの障壁」（p. 189参照）にはばまれる光景と照らし合わせて、考えてみてください。

宇宙は、その障壁を「トンネル効果」でくぐり抜け、ボールが一気に落下するように、あるいは、坂を転がり落ちるようにして、膨張していったと考えられるのです。

そして、トンネルをくぐり抜けたとたん、今、私たちが経験しているこの世界におどり出た、ということです。

★ 2次元世界から見る３次元の世界

あるいは、こんなふうに考えることもできます。

私たちが住んでいて目に見える世界は、タテ、ヨコ、高さがある３次元の立体世界です。

そこで、かりに平面の中でしか生きられない２次元の生物がいたとしましょう。その２次元の世界で、３次元の物体である球体がつき抜ける場面を、想像してください。

２次元世界に球体が接した瞬間、２次元の平面には突然、一つの点が現われます。やがて、球体が平面をつき抜けるにつれて、切りとられる球体の断面が円形に現われます。

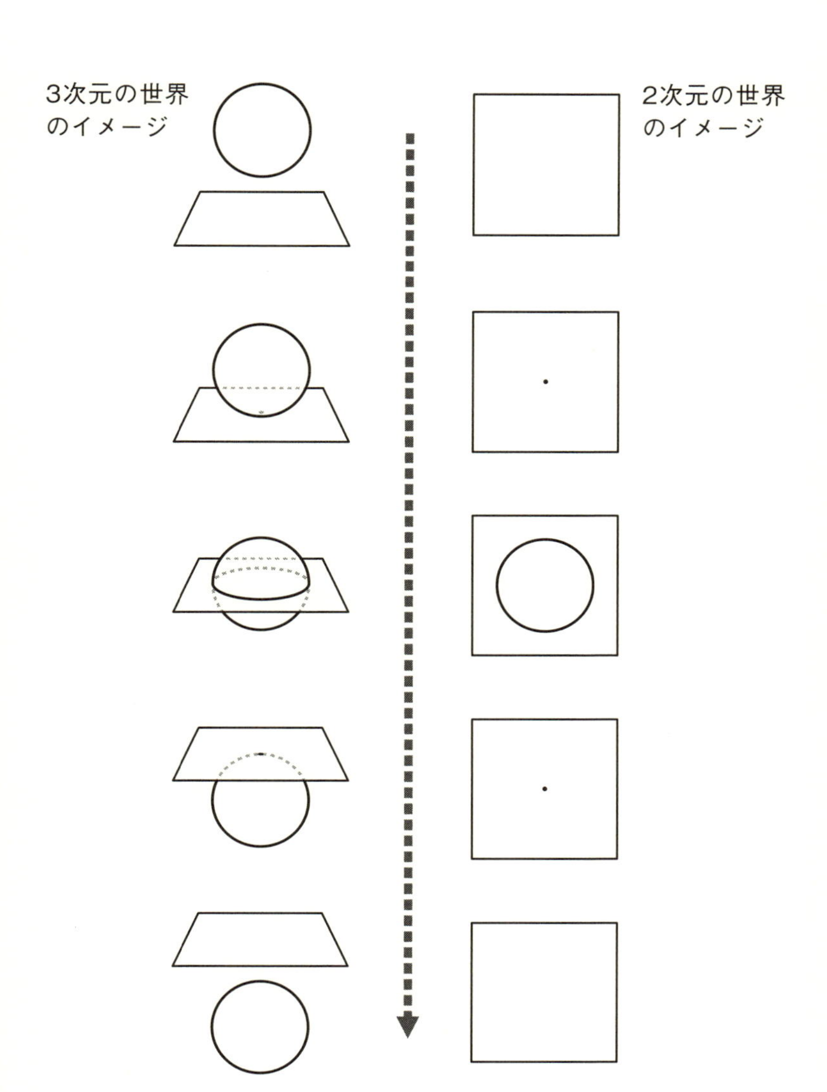
3次元の世界
のイメージ
2次元の世界
のイメージ

円形は、球体の直径に相当するところで最大になり、あとはしだいに小さい円になり、最後は点になって消失します。

このつき抜ける情景を2次元世界にすむ生物が見ていたら、どう感じるでしょうか。
「何もないところに突然、点が現われ、円になって、最後は消滅した。不思議だ！」
そう感じるのではないでしょうか。
しかし、3次元の世界にすむ私たちには、まったく不思議ではありません。
つまり、もし宇宙が、私たちがすむ3次元の世界に見えている以上の次元をもつ高次元で構成されていれば、「無」からの宇宙創生も、不思議なことではありません。

私たちにとって「時間」は見えません。それは、私たちが、タテ、ヨコ、高さで構成される3次元の生物だからです。
つまり、4次元という「時間」をふくむ世界では見えるものが、私たちには見えていないだけなのかもしれません。

ここまでの宇宙の「はじまり」のお話は、いずれも現代数学の世界でしか見えてこない内容を、日常の言葉で表現しているので、誤解されないように説明するには限界があります。
ですから、ここではこれ以上、深くは立ち入りませんが、大きなマクロ（巨視的）宇宙の誕生は、もとをただせば、微小なミクロ（微視的）宇宙からの誕生であって、そこには量子論が深く関わっているのです。

いいかえれば、いちばん大きな宇宙という存在と、原子・分子よりももっと小さい存在とが、「不確定性原理」というかけ橋をとおして、結びついているということです。

今ここでは、その不思議さ、面白さを感じていただければ、それで十分です。

★ すべての人が「星の王女さま」か「星の王子さま」

それでは、この天文学的なマクロ宇宙と、原子・分子の小さなミクロ宇宙は、どのように関連づけられるのでしょうか。

その一例として、私たち人間が存在しているという事実について考えてみましょう。

それにはまず、「人間が存在している」ということに気づいている人間が存在することが、前提になります。

人間が存在するためには、人間の体の主成分の大半は水、すなわち水素と酸素の化合物、そして命の材料の主成分は炭素ですから、それらの元素が存在していなければなりません。

植物をふくめ、生きているもののすべては、燃えてしまうと黒くなりますが、これは体の主成分が炭素でできているからで、生物にとって炭素の存在は、とくに重要です。

タンパク質、脂肪、炭水化物など、すべては炭素からできています。

では、その炭素は、どこからきたのでしょう。

すべては星の中で、星が光り輝くプロセスで合成されました。

それが、「核融合反応」です。今、輝いている太陽は、ほとんどが水素のかたまりですが、その水素をヘリウムに変える核融合反応によって、エネルギーを生み出しています。

なぜそうなるかというと、太陽はなんと重さが2×10^{30}kgという巨大な水素のかたまりで、そのために自分の重さに耐えかねてつぶれていき、中心部はすさまじい圧力と温度になっているからです。

そこでは、水素原子はバラバラにこわれて、水素の原子核である陽子と電子は、離ればなれになっているでしょう。

しかも、その陽子はプラス電荷をもっていますから、たがいに反発し合っています。

しかし、それにもかかわらず、周囲からぎゅうぎゅう押されますから、ついに陽子の一部は中性子に姿を変え、それらが集まって、ヘリウムをつくりはじめるのです。

これが、核融合反応のはじまりです。

感覚的にいってしまえば、4個の水素原子から1個のヘリウム原子をつくるという反応です。

そのときに、合成する材料となる水素よりも、合成された結果生まれるヘリウムの方が、0.7%だけ軽くなっていることが、実験的にも確かめられています。

これも感覚的なイメージでいえば、バラバラに存在するよりも、かたまったほうがエネルギー的に安定し、低いエネルギー状態になるのです。

その余分のエネルギーが放出されるわけです。

さきほども紹介した、アインシュタインの相対性理論の有名な式「$E=mc^2$」に従って、水素とヘリウムの「質量の差」をΔm（デルタ・エム）とすれば、以下のように表わせます。

$$\Delta E = \Delta mc^2$$

つまり、ΔEというエネルギーが生み出されていることになります。これが、宇宙のあらゆる星の輝きの源泉です。

さて、太陽をふくむあらゆる星にとって燃料である水素が、もしなくなったらどうなるでしょう。

水素からつくられるヘリウムでいっぱいになります。

途中のプロセスをとばして結論だけいえば、太陽より重い星では、内部の圧力がさらに強まり、3個のヘリウムから1個の炭素がつくられます。

このようにして、星は、光り輝くプロセスで、酸素や窒素など、つぎからつぎへと元素をつくっていき、最終的には鉄をつくったところで、反応は停止します。鉄は吸熱性があるから、それ以上の反応は起こらないのです。

すると、重い星は、自分の体重を内側から支えていた力を失うのでバランスを崩し、大爆発を起こします。これが「超新星爆発」です。

しかし太陽程度の重さの星では、ヘリウムをつくるところまでで、反応は停止します。あとは、中心部に集まったヘリウムのかたまりの表面に水素がちろちろと燃えて、少しずつ膨張しながら、しだいに輝きを失っていきます。

今から、100億年くらい先のことですが。

こうして、宇宙空間にばらまかれた星のかけらから、地球が生まれ、そして、あなたが生まれたわけです。**みんな例外なく、〝星のかけら〟からできている産物、つまりすべての人が「星の王女さま」「星の王子さま」だといってもいいのです。**

もう少し正確にいえば、人をつくる基本的な材料であるアミノ酸は、星の中でつくられた材料がまき散らされた結果できたのです。このように、星の死が人のいのちをつくったという事実は、興味深いことです。

死からの再生ですね。これが〝永遠のいのち〟ということなのかもしれません。

★「宇宙が存在している」のは「あなたの存在」があるから

私たちの体やいのちの材料は、星の中で合成されたとするならば、今、私たちが存在するためには、星の中でそれらの材料がつくられるための条件が整っていなければなりません。

つまり、星があまり大きすぎると、あっという間に核融合反応が進行して、炭素をつくる前に寿命が尽きてしまいます。

では、星が小さすぎると、どうでしょうか。

今度はゆっくりと反応が起こり、つぎの元素をつくることができません。その理由は、星の重さが小さいので中心部の圧力が上がらず、核融合反応が起きにくくなって、炭素をつくることができないからです。

ここで、核融合反応が充分に起こるための条件が、必要になります。その条件が決まるためには、光の速さや、2時間目にお話ししたプランクの定数など、原子・分子、そして、宇宙の状態を決める定数の値が、きちんと今あるような、つごうのいい値になっていることが必要です。

もしも、それらの定数が、今あるような値から5%でもずれていたとすると、全体のバランスが崩れて、適当な核融合反応が起こらないのです。

そこで、一つの結論が得られます。

「今あるような宇宙を存在させている原因は、あなたが存在しているからである！」

驚きましたか。

だって、そうでしょう。

「あなたが存在する」ためには、あなたの体をつくる原子が存在しなければなりませんが、そのためには、それらが今あるような物理定数（つごうのいい決まった値）でなければならず、その定数があるからこそ、今あるような宇宙が存在しているのですから……。

逆遠近法、とでもいいたいような考え方です。

また、どこか宗教的な香りがしないでもありません。

しかし、宗教でなく、これは科学の見解です。

一般的には「人間原理」と呼ばれている考え方です。

さらに、この考え方を進めると、次のような、やや極端な考えも出てきます。

私たち人間が、自分の顔をじかに見ることができないように、宇宙もまた、自分の姿を見ることができません。そこで、宇宙はみずからの姿を見るための目として、人類の知性を生み出した、というのです。

それはともかく、ここで、みなさんにどうしてもお話ししたかったことは、人間の存在も、宇宙の構造と無関係ではないということです。

そして、その関わりの根底には、相対性理論と量子論があることを、お伝えしたかったのです。

★ 人間の体が今のようなかたちになっているわけ

もう一つ。

私たちの体が、なぜ、今あるようなかたちにデザインされているのか、その理由について考えてみましょう。

大人のサイズで考えれば、おおざっぱにいって体重は100kg弱、身長は2m弱で、それより大きくはずれることはありません。

そして、足の太さは、胴体の半分くらいで、直立二足歩行しています。

このような体型をもたらした原因は、結論からいえば、三つあります。

その第1は、地球と太陽との距離です。

私たちが生きるためには、気体状態の空気が必要です。もしも気温が低くて、空気が液体や固体になっていては、呼吸ができません。一方、気温が高ければ、空気をつくっている窒素の分子や酸素の分子の熱運動が激しくなって、これも呼吸には適しません。さらには、地表面から逃げてしまう可能性も出てきます。

太陽と地球との距離は、近すぎても遠すぎても現在の環境、つまり、今の地球の気温を生み出せなかった、ということになります。

原因の第2は、地球の大きさです。

第3は、地球の重さです。

この、第2、第3の原因は、地球の重力を決める要因です。

もしも、地球の大きさが現在の値よりも大きければ、重力は現在よりも大きくなり、動くのに大きなエネルギーが必要になります。

すると体重も重くなりますから、たとえば、球体に近くなるというように、体のかたちも、骨の構造も変わらなければ、移動が難しくなります。

また、逆に、今よりも重力が小さければ、空気をつなぎとめておくことができなくなり、生存は難しくなります。

つまり、私たちの体型と、私たちの体の内部構造を決めたのは、今あるような太陽－地球間の距離によってもたらされる、今あるような温度環境であり、今あるような地球の重力の大きさなのです。

そのように、地球上に存在するすべてのかたちあるものは、地球の重力との兼ね合いで、そのかたちが決まっています。

ときどき、遊園地などで、人間のかたちをした、大きさが10mもあるようなSFヒーローの人形を見かけますが、実際にはありえない大きさです。

同じ相似形のまま、身長が2倍になれば、足の断面積は4倍になり、体積は8倍になりますから、その足の断面積では体重を支えることはできなくなり、もっと太い足が必要になり、人間とは違った体型にならざるをえないのです。

さらに、私たち人間の骨格の強さは、それをつくる分子間の結合力と反発力のバランスによって決まりますが、それらの均衡が、重力とも適合していなければなりません。

この分子間に働く力も、量子論によって説明できる力であることを、おぼえておきましょう。
これも「不確定性原理」です。

どういうことかというと、おおざっぱな表現ですが、粒子同士を近づけようとすると、運動が激しくなって、反発力としての圧力が大きくなります。
ですから人間は、ほどほどの距離のところで、ゆらゆらしながら（こまかく見れば、ですが）平衡を保って骨格をつくっているのです。

★ 宇宙と原子、原子とあなた、あなたと宇宙

ついでにお話ししておけば、この授業の中で、たびたび顔を出してきた「光の速さc」とか「プランク定数h」などの値が、もしも10％違っていたら、原子の構造も変わってしまうので、今あるような物質のかたちは現われなかったでしょう。

極端な表現をしてしまえば、「あなたがいる」という現実が、「物理学に出てくるいろいろの定数の値までも決めてしまっている！」ということです。

このように考えていくと、私たちの存在と宇宙の構造は、とても深い関わりをもつことが見えてきますね。

そして、いつも、その根底には、相対性理論と並んで量子論の姿が見え隠れしています。

私の授業は、これでおしまいです。

1時間目から、ほんとうにお疲れさまでした。

量子論の世界は、いかがでしたか。

くわしく話せばきりがありませんが、量子論のいちばん大切なポイントは、以上ですべてです。

「わかった」といっていただけなくても、何か少しでも、宇宙と、あなたと、原子の世界との関わりを感じていただければ、もうそれで十分です。

それともう一つ。

午前中の授業でもお話ししましたが、量子論の中で「不確定性原理」と並んでもっとも重要な発見は、原子・分子の中の電子などのふるまいを決める「シュレーディンガー方程式」です。この方程式をつかうと、確かにいろいろの問題が解けます。しかしなぜ、この式で解けるのかはよくわかっていません。

これもすでにお話ししたように、昔ながらの「目に見える波」を表わす方程式に、アインシュタインのエネルギーと質量を結びつける式「$E=mc^2$」と、ド・ブロイが提唱した、動いている粒子がもつ波の性質を結びつけた式「$\Lambda=\frac{h}{p}$」の関係を入れこむだけで、原子・分子の世界への扉が開いたのです。

それが偶然だったのか、必然だったのか、なんとも奇妙な符合なのです。
「量子論、この不思議な世界！」
としかいいようがありません。

シュレーディンガー方程式の詳細については、最後に、「放課後のおしゃべり」として、簡単に付け加えておきましたから、興味のある方は「つけたし」として、ざっとながめてくだされば幸いです（もちろん、数学は苦手でもう充分、という方はお読みにならなくてもけっこうですよ）。

ではまた、どこかでお目にかかる日まで、ごきげんよう。

《ティーブレイク——放課後のおしゃべりタイム》
「シュレーディンガー方程式」を導いてみよう

そもそも「波」とは、特定の場所の上下動が次々に周囲に伝わっていく現象です。

そこで、ある場所で起こっている上下動、つまり振動を、振り子のようなくり返し運動に見立てて、三角関数をつかうところから始めましょう。まず、おなじみの、

$$y = \sin x$$

という式を思い出してください。

縦軸 y を波の高さ、横軸 x を場所の座標だとします。

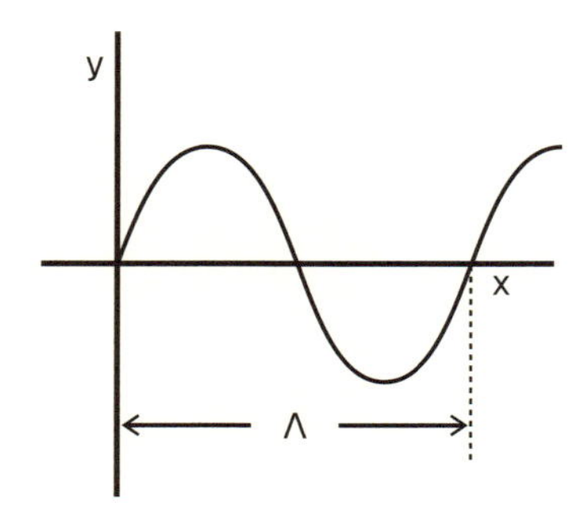

この場合は、時間が止まっているある瞬間のかたちを表わしています。その場合、この波は1波長ごとに同じかたちがくり返されなければなりませんから、xの中身は、波長をΛとすれば、xがΛの整数倍になるごとに、同じyの値にならなければなりません。

一方、三角関数は2π（角度でいえば360度です）ごとに同じ値がくり返されますから、xは$2\pi\left(\frac{x}{\Lambda}\right)$になっていればよいことになります。xがΛだけ進めば、$sin2\pi$になって同じ値になるからです。これで時間を止めた場合の式が得られました。

つぎに、速度vで右に動いている場合を、x座標で考えましょう。そこでは、経過した時間をtとすれば、t時間前の波のかたちと同じかたちになっているはずですから、xの座標は、「$x-vt$」と表わせます。これは、波がxの値が大きくなる方向、すなわち左から右に進行していく様子を表わします。

ある固定した場所で見れば、波の高さは、時間とともに変わっていくからです。この三角関数のyの値が、速度vにしたがって同じでなければなりません。

そのためには、sinの中身が、

$$\frac{2\pi\ (x-vt)}{\Lambda}$$

になっていればいいですね。

これはxという点における波の高さが、時間tとともに変わっていくことを示しています。

そこで、振動数をνと書けば、νは、1秒間に何回振動するかであり、一回振動するごとに、波は1波長、すなわちΛだけすすむのですから、速度vとの関係は、

$$v = \nu \Lambda$$

になります。そこで、sinの中身を、あらためて書けば、

$$2\pi \left(\frac{x}{\Lambda} - \nu t \right)$$

になります。ここで、x軸の方向に、速度vで進んでいる波長Λ、振動数νの波のかたちは、その振幅をAとして、あらためてψと書くことにすれば、

$$\psi\ (x, t) = \mathrm{A}\sin（または\cos）2\pi \left(\frac{x}{\Lambda} - \nu t \right) \qquad 【式1】$$

で表わすことができます。ここで、計算をしやすくするために、sinとcosをあわせた「オイラーの公式」、

$$e^{i\phi} = \cos\phi + i\sin\phi$$

をつかって、xをふくむ項とtをふくむ項を分けることにします。

$$\psi\ (x, t) = Ae^{i2\pi(x/\Lambda)} \times e^{-i2\pi\nu t} = \phi\ (x) \cdot e^{-2\pi i\nu t}$$

ここで、$\phi(x) = Ae^{i2\pi(x/\Lambda)}$ で、x に関する項です。

そこで、この式が満たす方程式は、

$$\frac{\partial^2 \psi}{\partial x^2} - \frac{1}{\nu^2}\left(\frac{\partial^2 \psi}{\partial t^2}\right) = 0 \qquad 【式 2】$$

になります。

これは最初の【式 1】を、x と t について、それぞれ微分していくと【式 2】になることを示したものです。ここでは、くわしいことを理解する必要はありません。

ここで、4 時間目にお話しした粒子の速度 v と、それを波と考えたときの波長 Λ との関係、

$$\Lambda = \frac{h}{mv} = \frac{h}{p}$$

これを書き換えて、

$$v = \Lambda\nu = \frac{h\nu}{p} \qquad 【式 3-1】$$

そして、振動数 ν の光がエネルギーの粒だと考えたときの関係、

$$E = h\nu \qquad 【式3-2】$$

をつかい、さらに、エネルギーEとしては、運動エネルギー$\frac{p^2}{2\mathrm{m}}$と位置エネルギー$U(x)$の和、すなわち

$$E = \frac{p^2}{2m} + U(x) \qquad 【式4】$$

をつかって【式2】を書き直すと、

$$-\frac{\hbar^2}{2m}\left(\frac{\partial^2\psi}{\partial x^2}\right) + U(x)\psi = i\hbar\frac{\partial\psi}{\partial t} \qquad 【式5】$$

になります。

ここに使われている「$\hbar$」は、「$\hbar = \frac{h}{2\pi}$」のこと（「エイチバー」と読みます）です。

そこで、外からの力を受けないで、自由に動いている粒子の場合は、$U(x)=0$ですから、2時間目と6時間目にお話ししたような、単純明快な美しい式になります。

$$-\frac{\hbar^2}{2m}\cdot\frac{\partial^2\psi}{\partial x^2} = i\hbar\frac{\partial\psi}{\partial t}$$

これで、普通の波を表わす式に、量子論特有の粒子と波を結ぶ関係の【式3-1】と、粒子のエネルギーを運動量で表わす【式3-2】を代入することによって、x軸にそって、まわりからの力を受けないで、右から左へと進んでいく自由粒子の波の波動関数を表わす、もっとも基本的な方程式が得られました。

これが、発見者であるオーストリアの理論物理学者、エルヴィン・シュレーディンガーにちなんで、「シュレーディンガーの波動方程式」と呼ばれているものなのです。

おわりに

この世の中に数ある楽器の中で、10本の指をまんべんなくつかえるものといえば、ピアノに代表される鍵盤楽器でしょう。
そこに足鍵盤が加われば、体全体で音を奏(かな)でるパイプオルガンになります。

私は、不幸な第2次世界大戦のさなか、当時、日本には数台しかないパイプオルガンの演奏を聴いたことがあります。
オルガニストは戦闘服を着て、鉄兜(てつかぶと)を背負い、演奏曲のほとんどは軍歌でしたが、その中で、はるか宇宙の果てから響いてくるような、不思議な曲が流れました。
いま思えば、それはヨハン・セバスチャン・バッハのコラール前奏曲だったような気がします。

そのとき以来、パイプオルガンの魅力にとりつかれてしまいましたが、それから半世紀以上も、オルガンにさわる機会に遭遇することはありませんでした。
そして、ようやく、第一線の研究生活から退いたとき、はじめて、パイプオルガンと向き合うことになったのです。

しかし、きちんとしたピアノのレッスンすら受けたことがなく、まして、音楽の基礎を正式に学んだこともない素人の私にとっては、すべてが大きな壁ばかりで、音楽を愛する気持ちは人一倍強くても、立ち往生の日々が続きました。

そんなとき、たまたまお目にかかった演奏家が、こういったのです。

「あなたが目指すのはプロの演奏家ではないのでしょう。ならば、ご自分で弾きたいと思う曲を決めて、それを徹底的に練習したらどうですか。基本的な指練習の教則本なんか無用です。その好きな曲を練習する中で学べばいいのです」

この本は、専門的に物理学を学んだことのない、一般の方々を対象にして、最前線の宇宙研究には欠かせない量子論（量子物理学あるいは量子力学）の世界観を、限られたテーマとじっくり向き合うことで概観していただくために書かれました。

さきほどのオルガンの話と重なりますが、量子論の中から、もっとも重要なテーマである「不確定性原理」を選び、それを学ぶ中で、枝葉のように広がっていく量子論の世界を感じてもらおうというのが、執筆の際のねらいだったのです。

さあっと読み飛ばしていただいても、もちろんけっこうです。また、何度でも考えながら、おさらいするように読み返していただけば、必ず、量子論の世界観が見えてくるはずです。

ところで、この本の執筆に明け暮れているとき、宇宙研究に関わる大きな出来事が、二つありました。

一つは、1977年にアメリカ航空宇宙局（NASA）が、太陽系外惑星探査を目的として打ち上げた探査機ボイジャー１号が、太陽圏を離脱したことです。授業でもふれましたが、人類はすべて太陽の庇護（ひご）のもとに生まれ、かたちづくられました。未来をふくめ、人類とはすべてを太陽にゆだねた存在です。

その人類がつくった建造物が、すべての根源となる太陽の支配の圏外に出てしまったというのですから、これは人類史上、はじめての、たいへんなことなのです。

しかも、私たちは地球から、まだ見ぬ〝地球外知的生命体〟に向けて、バッハの音楽作品をふくめた音情報を、一枚のレコードとして搭載しました。ボイジャーは、打ち上げられたときの勢い（慣性）と、近くの星からの引力を受けながら飛び続けるはずですので、このレコードはおそらく、遠い未来に地球がなくなっても飛び続ける、地球からのメッセージです。

いちばん近い未来でも、今から29万6000年後には、冬の夜空をひときわ明るく彩る大いぬ座の一等星、シリウスの近くに到達するくらいの長旅です。

もう一つの出来事は、アメリカの研究チームが、ビッグバン直後の情報を満載した重力波の存在を、間接的にではありますが、見つけたことです。

これは、私たちの宇宙が爆発するような勢いで誕生したときの、空間のゆがみを証拠づけるもので、いわば「無からの宇宙創生」の理論を、今後大きく前進させる要（かなめ）となるはずです。

授業でもお話ししたとおり、宇宙のはじまりは、まさに量子論の世界です。

この大きな二つの出来事が起こった時期に、たくさんの想いがつまった本書を出版することができて、読者のみなさんとお目にかかれたことは、とても幸せなことです。

このささやかな本が、広大無辺な宇宙への小さな入り口となり、みなさんの豊かな人生への水先案内になれるとしたら、こんなにうれしいことはありません。

最後になりましたが、本書の完成に向けて、読者の視点から、きびしいながらも温かいご助言をいただいた編集者の松澤隆氏はじめ、出版を快く引き受けてくださったトランスビュー社長の中嶋廣氏に、心からの御礼を申し上げます。

2014年　厳冬の中をふとよぎった春の光を感じた日に
北海道美瑛のアトリエにて

佐治晴夫

著者紹介

佐治晴夫（さじ はるお）

1935年東京生まれ。理学博士。鈴鹿短期大学名誉学長。日本文藝家協会会員。大阪音楽大学大学院客員教授。元NASA客員研究員。東京大学物性研究所、玉川大学、県立宮城大学教授などを経て、2004年から2013年まで鈴鹿短期大学学長。量子論に基づく宇宙創生理論に関わる「ゆらぎ」研究の第一人者。NASAのボイジャー計画、“E．T．”（地球外生命体）探査にも関与。また、宇宙研究の成果を平和教育のひとつとして位置づけるリベラル・アーツ教育の実践を行ない、その一環としてピアノ、パイプオルガンを自ら弾いて、全国の学校で特別授業を続けている。主な著書に『宇宙の不思議』（PHP研究所）、『夢みる科学』（玉川大学出版部）、『二十世紀の忘れもの』（松岡正剛との共著、雲母書房）、『「わかる」ことは「かわる」こと』（養老孟司との共著、河出書房新社）、『からだは星からできている』『女性を宇宙は最初につくった』『14歳のための物理学』『14歳のための時間論』（以上春秋社）、『THE ANSWERS すべての答えは宇宙にある！』（マガジンハウス）など。

本文中の写真は、すべて著者撮影。
帯の宮沢りえ氏からのコメントは、
株式会社資生堂の協力を得ました。

量子は、不確定性原理のゆりかごで、宇宙の夢をみる

2015年1月20日　初版第1刷発行

著　者　佐治晴夫

発行者　中嶋 廣

発行所　株式会社トランスビュー

東京都中央区日本橋浜町 2-10-1
郵便番号 103-0007
電話 03-3664-7334
www.transview.co.jp

編　集　松澤 隆

本文イラスト　倉本ヒデキ
校正協力　黒田篤志

印刷・製本　中央精版印刷株式会社

装幀　クラフト・エヴィング商會
［吉田篤弘・吉田浩美］

ISBN978-4-7987-0157-8　C1042